青少年健康成长丛书

得失

『双赢』是一种最好的竞争

本书编写组　编著

人生有得必有失，只要学会放弃，就能登上人生的巅峰，“双赢”才是最好的结局。
睿智而坦然放弃的时候，你的生命就得到了升华，你的人生就得到了跨越，人间的大得，这才是人生的“双赢”！

江苏教育出版社
JIANGSU EDUCATION PUBLISHING HOUSE

图书在版编目（CIP）数据

得失："双赢"是一种最好的竞争 /《青少年健康成长读本》编写组 编写．—南京：江苏教育出版社，2011.5
（青少年健康成长读本）
ISBN 978－7－5499－0548－5

Ⅰ.①得…　Ⅱ.①青…　Ⅲ.①人生哲学－青年读物②人生哲学－少年读物　Ⅳ.①B821－49

中国版本图书馆 CIP 数据核字（2011）第 067652 号

书　　名　得失——"双赢"是一种最好的竞争
作　　者　本书编写组
责任编辑　孙兴春
装帧设计　翟俊峰
出版发行　凤凰出版传媒集团
　　　　　江苏教育出版社（南京市湖南路 1 号 A 楼　邮编 210009）
网　　址　http：//www.1088.com.cn
集团网址　凤凰出版传媒网 http：//www.ppm.cn
经　　销　江苏省新华发行集团有限公司
照　　排　南京前锦排版服务有限公司
印　　刷　北京柯蓝博泰印务有限公司
厂　　址　北京市通州区宋庄镇徐辛庄西
电　　话　010－89565888　89568778
开　　本　710×1000 毫米　1/16
印　　张　15
字　　数　160 千字
版　　次　2011 年 5 月第 1 版
　　　　　2019 年 3 月第 2 次印刷
书　　号　ISBN 978－7－5499－0548－5
定　　价　29.80 元　8
批发电话　025－83657708，83658558，83658511
邮购电话　025－85400774，8008289797
短信咨询　025－85420909
E－mail　jsep@vip.163.com
盗版举报　025－83658551

《青少年健康成长丛书》

编 委 会

前言 Preface

2000年12月17日，在英国的曼彻斯特城，英格兰超级足球联赛第18轮的一场比赛在埃弗顿队与西汉姆联队之间紧张地进行着。比赛只剩下最后一分钟时，场上的比分仍然是1:1。这时，埃弗顿队的守门员杰拉德在扑球时扭伤了膝盖，球被传给了潜伏在禁区的西汉姆联队球员迪卡尼奥。所有的人都在等待，这个球没有难度的球一进，埃弗顿队将是遭遇“三连败”。最终，迪卡尼奥没有踢出“决胜的一脚”，而是弯下腰，把球稳稳抱到怀中……全场掌声雷动，都把赞美之情献给了放弃打门的迪卡尼奥。

在生活的许多方面，争取胜利是十分重要的；但是在需要发扬崇高品德的时候，能够超越成功得失，是一种更高的精神境界，是一种更大意义上的成功。

人的一生，“得”与“失”如影相随，当一个人静下心来，细细品味自己的人生，不禁感慨万千。人的一生总是在不断的得到和不断的失去中度过。青春的逝去带来了经验的增长和丰富；金钱的失去得到了心灵的愉悦和满足；感情的付出带来了彼此的信任和依赖……

俄国文学家托尔斯泰说，“欲望越小，人生就越幸福。”这话是针对欲望越大，人越贪婪，人生越易致祸而言的，其中蕴含着深邃的人生哲理。贪欲越强，得失心理越不平衡。古往今来，被难填的欲壑所葬送的贪婪者，多得不可计数。托尔斯泰还讲过这样一个故事：有一农夫想

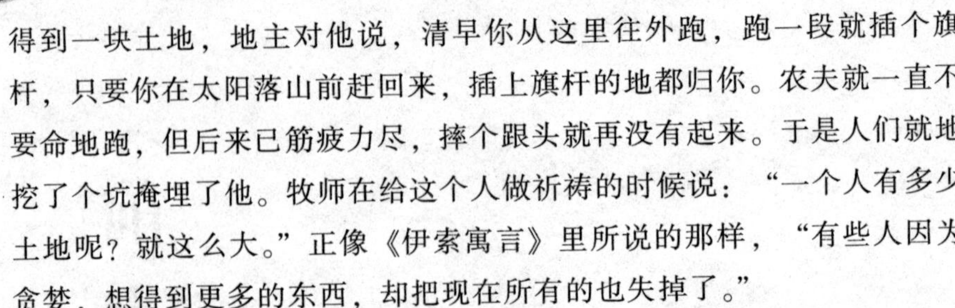

得到一块土地，地主对他说，清早你从这里往外跑，跑一段就插个旗杆，只要你在太阳落山前赶回来，插上旗杆的地都归你。农夫就一直不要命地跑，但后来已筋疲力尽，摔个跟头就再没有起来。于是人们就地挖了个坑掩埋了他。牧师在给这个人做祈祷的时候说："一个人有多少土地呢？就这么大。"正像《伊索寓言》里所说的那样，"有些人因为贪婪，想得到更多的东西，却把现在所有的也失掉了。"

保持积极的乐观的心态。以积极乐观的心态对待得与失，对于调节心理平衡十分必要。人生之路不可能一帆风顺，作为一个乐观主义者，他能发挥自己丰富的想象力，多角度思考问题，极力从不幸中挖掘出积极因素来，开拓出一片新天地，从而能够转"忧"为"喜"，转"失"为"得"，使自己从"山穷水尽"转入"柳暗花明"。在很多情况下，人的痛苦与快乐，并不是由客观环境的优劣所决定的，而是由自己的心态、情绪决定的。例如大家遇到同一件事，有人感到痛苦，有人却感到快乐，这完全是不同的心情使然。心理学上说的"境由心生"就是这个道理。

《得失 —— "双赢"是一种最好的竞争》旨在让你人生上这样一堂课：人要有得必有失，只要学会放弃，就能登上人生的巅峰。当你能睿智而坦然放弃的时候，你的生命就得到了升华，你的人生就得到了跨越，这才是人间的大得，这才是人生的双赢!

Contents 目录

第一章 人生就是失与得的过程

舍得需要勇气和智慧，与其拼命抓而抓不到，不如尝试学会放弃，顺其自然，顺应我们的内心。请别忘记，放弃是为了更好地拥有，是一种超脱，一种气度，更是一种境界。人要有得必有所失，只要学会放弃，就能登上人生的巅峰。

第二章 淡看得失，不让心灵超载

消除种种不利于身心健康的情绪，还自己一颗明朗、快乐、轻松、纯洁的心。只有摆脱心灵束缚的绳索，才能享受到真正的幸福，才会体会到做人的乐趣。在忙碌的现代社会，请拥有一份坐看花开花落，闲赏云卷云舒的恬淡心情吧！

第三章 在失去中搏取收获

在生活中懂得知足的人往往不会贪恋身外之物，这样便能获得难得的清醒，也会变得轻松自在。面对人生的得失要学会保持平和的心境，学会放弃，把名利置于身外。人生有一种境界叫舍得，它能让人一生幸福，放下是一种境界，它能教会我们在失去中搏取人生更大的收获。

第四章 在放弃后赢得人生

放弃也是一种选择，更是一种睿智，明智的放弃胜过盲目的执着，它可以驱散你心中的乌云，让你聪明豁达。当你能睿智而坦然地选择放弃的时候，你的生命就得到了升华，你的人生也就得到了进一步的跨越。

第五章 在逆境里学着成长

生命是一个往复循环的过程，逆境和厄运有时甚至就是一种幸运，我们无法要求人生一帆风顺，但是我们可以在狂风暴雨的肆虐中选择毫不畏惧，相信那句话：长风破浪应有时，直挂云帆济沧海。学着在逆境中成长，学会在磨难中成功。

第六章 做人要拿得起，放得下

社会竞争越激烈，越是要调整好自己的心态，更要调整好与他人的关系，做人要拿得起，放得下，绝对公平在这个世界上是不存在的，如果因为遭遇点不公而整天耿耿于怀，那么受苦的只会是你自己。因乐而为、因为而乐，拿得起、放得下的人生态度是一种释然、一种豁达。

第七章 人生道路需要设计

人生就像是一次探险，在征途中，我们会遇到一个个美丽的诱惑，而这时我们不能惊慌，不能迷惑，更不能贪婪，唯有在心头点燃一根火柴，点亮人生的希望。我们要对自己的人生进行设计与规划，确定人生方向和目标，然后朝着这个目标义无反顾的坚持下去，直至找到属于自己的那方乐土。

第八章 完善自我，不让自己贬值

要完善自己，就要有全面分析自己的能力，要全面看待自己的优势和弱势。人是生存于群体之中，而并非独立存在。对于自己，要有一个细致的了解，只有在了解自己的前提下，才能够不断完善自己，活出自己精彩独特的人生。

第九章 选择最适合自己的人生

人生如棋，需要选择和放弃的太多，关键是要我们如何选择与取舍。我们要选择的不是高，不是大，不是全，不是美，而是最适合我们的人生。只有合脚的鞋才能让我们健步如飞，只有最合心的生活才能让你幸福一生。

第一章

人生就是失与得的过程

舍得需要勇气和智慧，与其拼命抓而抓不到，不如尝试学会放弃，顺其自然，顺应我们的内心。请别忘记，放弃是为了更好地拥有，是一种超脱，一种气度，更是一种境界。人要有得必有所失，只要学会放弃，就能登上人生的巅峰。

放弃是一种智慧

且看世间万物的放弃与获得吧！

昙花一现放弃了白天的绚烂，却带来了黑暗中绽放的生命；落叶归根放弃了生命，却带来了春的希望；青蛙冬眠放弃了冰雪中的荣耀，却得到了新的活力！天空在拥有太阳的辉煌时放弃了漫天的星光；梨树在拥有果实时放弃了纯洁的花朵；水珠在滴入河流时放弃了露水的晶莹。

大自然如此，人也亦然。三毛的放弃成就了她传奇般的一生；陶渊明归隐田园，放弃的是世俗腐化的官场，得到的是悠闲的生活与返璞归真的文化境界；屈原在纵身跃入汨罗江的一刹那，放弃了生命，得到的是纯洁的灵魂；鲁迅面对中国的现实毅然放弃了学医，成了文学界的泰山北斗，用犀利的文字唤醒了沉睡的雄狮；苏武面对威逼利诱，坚决放弃了敌方的高官厚禄，成了阶下囚，却以坚贞的使节成就了千古佳话；南丁格尔面对简陋的医疗条件勇敢地放弃了富裕的家庭，做了普通的护士，却引领了一代代的白衣天使。

可见，拥有和放弃真是一对“冤家”，因为拥有的时候我们也许正在失去，放弃的时候，也许又在重新获得，其实生命就在拥有和放弃中升华与循环。

人们为什么总是不能放弃或者不愿意放弃呢？我想一方面人的欲望是无穷的，鱼与熊掌都想“兼得”；另一方面大约是因为执着，人为放弃其实是懦弱、背叛和无能。还是有就是放弃太艰难，是痛苦的。

倘若知道了坚持没有结果，固执便只是徒劳，这时候，放弃又何

妨？其实放弃不是输赢的结果，更不是懦弱的表现，放弃是一种大度，一种释然，更是一种豁达。真的放弃了，你还可以发现，它还是一种脱胎换骨的境界，一种不言而喻的轻松，在心头折磨了你多年让你进退维谷的念头就那么悄无声息地离你而去了，除了欣喜，你不该感激放弃吗？其实，有的时候，放弃一些东西并代表你对它已经没有了眷恋，而是你知道它在你的心中的位置已经比自己的生命更重要，所以才不得不强忍伤痛的放弃，放弃并不是对追求的背叛，相反，有时倒更能执着于其间。要想采一束清新的山花，就得放弃城市的舒适；要想做一名登山健儿，就得放弃娇嫩白净的皮肤；要想穿越沙漠，就得放弃咖啡和可乐；要想永远有掌声，就得放弃眼前的虚荣。

人生感悟

放弃与获得其实是一对孪生姐妹，就像美与丑，偶然和必然，欢乐与悲伤，拥有与失去，看似互相对立，互相矛盾，实则互相关联，只在心念一动之间便翻天覆地；沧海桑田。

只有舍弃才能得到

第二次世界大战的硝烟刚刚散尽时，以美英法为首的战胜国们几经磋商，决定在美国纽约成立一个协调处理世界事务的联合国。一切准备就绪之后大家才蓦然发现，这个全球至高无上、最权威的世界性组织，竟没有自己的立足之地。

买一块地皮吧，刚刚成立的联合国机构还身无分文。让世界各国筹资吧，牌子刚刚挂起，就要向世界各国搞经济摊派，负面影响太大。况且刚刚经历了大战的浩劫，各国政府都财库空虚，甚至许多国家都是财政赤字居高不下。在寸土寸金的纽约买下一块地皮，并不是一件容易的事情。联合国对此一筹莫展。

听到这一消息后，美国著名的财团洛克菲勒家族经商议，果断出资870万美元，在纽约买下一块地皮，将这块地皮无条件地赠给了这个刚刚挂牌的国际性组织——联合国。同时，洛克菲勒家族亦将毗连这块地皮的大面积地皮全部买下。

对洛克菲勒家族的这一出人意料之举，美国当时许多的大财团都吃惊不已，870万美元，对于战后经济萎靡的美国和全世界，都是一笔不小的数目，洛克菲勒家族却将它拱手赠出了，并且什么条件也没有。这条消息传出后，美国许多财团主和地产商都纷纷嘲笑说："这简直是蠢人之举！"并纷纷断言："这样的经营，不要十年，著名的洛克菲勒家族财团，便会沦落为著名的洛克菲勒家族贫民集团！"

但出人意料的是，联合国大楼刚刚建成完工，毗邻它四周的地价便立刻飙升起来，相当于捐赠款数十倍、近百倍的巨额财富源源不尽地涌进了洛克菲勒家族财团。这种结局，令那些曾经讥讽和嘲笑过洛克菲勒家族捐赠之举的财团和商人们目瞪口呆。

如果我们把洛克菲勒家族的这次捐赠看成是一种放弃的话，那么放弃本身也就成了一门学问，因为它告诉我们：在适当时候适当放弃应当放弃的东西，我们就会发现，放弃和收获本就是一对近义词。谁能说放弃不是一种成功，谁敢断言，放弃利益就意味着失败。

恰到好处的放弃

拉斐尔 11 岁那年，一有机会便去湖心岛钓鱼。在鲈鱼钓猎开禁前的一天傍晚，他和妈妈早早又来钓鱼。安好诱饵后，他将鱼线一次次甩向湖心，在落日余晖下泛起一圈圈的涟漪。

忽然钓竿的另一头倍感沉重起来。他知道一定有大家伙上钩，急忙收起鱼线。终于，他小心翼翼地把一条竭力挣扎的鱼拉出水面。好大的鱼啊！它是一条鲈鱼。

月光下，鲈鱼一吐一纳地翕动着。妈妈打开小电筒看看表，已是晚上十点——但距允许钓猎鲈鱼的时间还差两个小时。

“你得把它放回去，儿子。”母亲说。

“妈妈!”孩子哭了。

“还会有别的鱼的。”母亲安慰他。

“再没有这么大的鱼了。”孩子伤感不已。

他环视了四周，已看不到任何鱼艇或钓鱼的人，但他从母亲坚决的脸上知道无可更改。黑夜中那鲈鱼抖动笨大的身躯慢慢游向湖水深处，渐渐消失了。

这是很多年前的事。后来拉斐尔成了纽约市著名的建筑师。他确实没再钓到那么大的鱼，他却为此终身感谢母亲。因为他通过自己的诚实、勤奋、守法，猎取到生活中的大鱼——事业上成绩斐然。

在这个故事中，我们用恰到好处来修饰放弃，是因为母亲和孩子

在放弃时坚守了自己的底线——诚实！而且他们明白这一底线——诚实不是用来做给别人看的，而是用自己的心来判断。我们每个人都有自己的不同底线，只有坚持住了，我们能恰到好处地放弃，才是对自己的“诚实”。

明智的舍弃是一种获得

从我们来到这个世界上，我们就在面临着取舍的考验，得失的考验。

华北煤炭医学院一位叫周伟的学生，在他全力以赴准备考研的关键时刻，为了救一位叫周兰芳的患者，为了履行他志愿捐献造血干细胞的誓言，竭力说服父母，毅然放弃了考研，捐献出了救命的骨髓。的确，这个决定让憨厚的周伟犹豫了好几天，最后他对同学说：“生命不能等待，这次手术如果成功了，会是我一生中最有意义的事情。而考研，将来还有机会。”周伟说：“将自己的快乐与他人分享，快乐就会加倍，将自己的生命与他人共享，生命就会延长。”因为舍弃，周伟得到了快乐，得到了社会的认可，得到了我们的尊重。

同样面临取舍考验的还有徐本禹——华中农业大学的在读研究生。2002 年暑期，正在该校读大三的他到贵州大方县猫场镇一个名叫狗吊岩的地方义务支教。2003 年，徐本禹本科毕业顺利考取了本校农业经济管理专业的硕士研究生。但为了兑现山区孩子们的承诺，徐本禹做出了让所有人吃惊的决定：放弃攻读研究生的机会，去岩洞小学支教……

学校破天荒做出决定，为他保留两年研究生学籍。一年多来，在乌蒙山区腹地的农村小学，他忍受着孤独和寂寞，用爱心精心栽培和呵护着贫瘠土地上的花朵，用真诚和行动实践着一名当代大学生的社会责任及一名共产党员的神圣使命。“我愿做一滴水/我知道我很微小/当爱的阳光照射到我身上的时候/愿意无保留地反射给别人。”因为舍弃，他被评为2004中央电视台“感动中国”十大人物之一；因为他的舍弃，他得到了感动的目光和孩子们的欢笑；因为他的舍弃，更多的贫困学生得到资助，一所名为“华农大石希望小学”的新校在大西南山区拔地而起。

世间，美好的东西实在太多，我们总是希望得到的太多。人生如白驹过隙一样短暂，生命在拥有和失去之间，不经意地流干了。欲望不死，追求就不会停止。但理想与现实的差距，让我们不得不学会取舍，当鱼和熊掌不可兼得之时，要么舍鱼而取熊掌，要么弃熊掌而获鱼。身处两难境地，到底取哪个更好，是对人心的考验，是对智慧和勇气的考验。

失去了太阳，你还有星光的照耀；失去了金钱，还会得到友情，当生命也离开你的时候，你却拥有了大地的亲吻。舍弃了虚伪，就会获得真实；舍弃了无聊，就会获得充实；舍弃了浮躁，就会获得踏实。

人生感悟

俗语说，有得必有失；反过来，有失必有得。因而得到了不一定就是好事，失去了也不见得就是坏事。不论是有意的丢弃，还是意外的失去，总有一些东西你会得到，短暂的痛苦若能换来长久的快乐，一时的付出若能得到永远的安宁，又有什么不可以呢？谁能说明智的舍弃不是一种更大的获得呢？

把不幸当做幸福的起点

米契尔曾经是一个不幸的人，一次意外事故使他身上65%的皮肤都烧坏了，为此他动了16次手术。手术后他无法拿起叉子，无法拨电话，也无法一个人上厕所。但以前曾是海军陆战队员的米契尔并不认为自己被打败了，他说："我完全可以掌握我自己的人生之船，我可以选择把目前的状况看成倒退或是一个起点。"他选择了起点。六个月之后，他又能开飞机了。

后来，米契尔为自己在科罗拉多州买了一幢维多利亚式的房子，另外还买了一架飞机及一家酒吧，不久他和两个朋友合资开了一家公司，专门生产以木材为燃料的炉子，这家公司后来变成了佛蒙特州第二大私人公司。

但是，在旁人看来，不幸总是围绕着他。在米契尔开办公司的第四年，一次飞机起飞时发生意外，他的12条脊椎骨被压得粉碎，腰部以下永远瘫痪！但米契尔仍然选择不屈不挠，丝毫不放弃，并日夜努力使自己能达到最高限度的独立自主。他被选为科罗拉多州孤峰顶镇的镇长，以保护小镇的美景及环境，使之不因矿产的开采而遭受破坏。他后来也竞选国会议员，他用一句"不只是另一张小白脸"的口号，将自己难看的脸转化成一项有利的资产。

尽管面貌骇人、行动不便，米契尔却坠入爱河，且完成了终身大事，也拿到了公共行政硕士证书，并坚持他的飞行活动、环保运动及公共演说。米契尔说："我瘫痪之前可以做一万件事，现在我只能做九千件，我可以把注意力放在我无法再做的一千件事上，或是把目光放在我

还能做的九千件事上，告诉大家说我的人生曾遭受过两次重大的挫折，如果我能选择不把挫折拿来当成放弃的借口，那么，或许你们可以从一个新的角度来看待一些一直让你们裹足不前的经历。你可以退一步，想开点，然后你就有机会说：'或许那也没什么大不了'！"

"或许那也没什么大不了"，正是因为有了这样的积极心态，很多人才会以惊人的毅力面对困境，最终寻求到了人生的光明。

贝多芬双耳失聪，终奏响他的命运交响曲；奥斯特洛夫斯基双目失明，终写成世界名著《钢铁是怎样炼成的》；司马迁遭受宫刑，忍辱负重，终成"史家之绝唱"……这些遭遇坎坷的伟人，并非因为他们是伟人所以坎坷，而正是在经历这等坎坷的历程后，他们得以磨砺，才会发光，成为人类文明史上灿烂的辰星！不经历风雨怎能见彩虹？每当面临人生重大挫折，我们或是却步后退，或是勇敢向前，一前一后，人与人由此划开界线：懦弱的、勇敢的、自信的、自卑的、乐观的、悲观的、积极的、消极的……正确面对眼前的挫折，把挫折化为挑战，把消极因素转化为动力，或许不是每个人，每一次都会成功，但到老时，回首过去，你会毫无怨言地说："我不后悔，我已尽力，此生无憾！"你是否也能如此？请现在从身边做起！

高位截肢的张海迪说过："即使挫折使你倒下去一百次，你也要一百零一次的站起来，唯有挫折能让你坚强起来。"

人生感悟

对于既漫长又短暂的一生来说，挫折是必然的，你失去一样东西的时候，说不定会有一个意外的收获在等着你，既然在我们的生活中无法避免挫折，那么就让我们勇敢地去面对。纵使结果不如我们所预期的那样，至少我们也曾努力过，这样我们也就无愧于心了！

品味一种得失

在岁月的流逝中，人的一生似乎都是在选择之中度过的。总在与自己的力量不相称的目标中，过分追求更多的东西。人们总是提醒自己鱼和熊掌不能兼得，可是人们的欲望和贪婪始终没有满足的时候。反而是越不满足，胃口就越大，得到的不能放下，得不到的，欲望的贪婪更是让我们不顾一切去窃取。用“人心不足蛇吞象”比喻最恰当，人们总是在取与舍面前，更多的是选择取，很少有人能真正地放下欲望的贪婪，舍去不现实的一切。总认为社会是为自己而存在的，天下之物皆该为自己拥有，永远不会满足。人们总会得陇望蜀，过分地迷恋或贪欲那物欲横流的东西，不断地往自己的行囊中增加无穷无尽的身外之物，也不管是必需的还是无须的，是有益的还是有害的，是属于自己的还是属于别人的，只为了满足自己的贪欲而不择手段地占有，在利欲面前早就忘记了有失必有得，有得必有失。其实，我们的人生是否幸福，关键是看一个人是否知道取舍。欲望太多，会成为一生的累赘。

记得有个故事：一富商收藏了价值连城的古玩，一天，拿在手中玩赏，忽然差点儿跌落摔碎，他惊出了一身冷汗，然而就在此时心中忽然觉醒，随即将古玩摔落地上，如同丢弃了沉重的包袱，心境变得从容而淡泊。得与失，实则是一种心态。得之，不要大喜，不可贪得无厌，失去，切勿大悲，不可失去精神；得与失，不要看得太重，一切付之笑谈中。我们在拼命追求某一样东西的时候，会觉得很振奋、很起劲。当然，我们也隐约地感觉到，在追求一物的同时我们会失去另外一物。但是，我们说什么也不情愿考虑那些可能失去的东西价值几何，或者说，

我们根本就不在乎所失之物。好像那些曾令人不遗余力追寻的东西一旦到手以后，并不能够令人心满意足；何其如此？无疑，多了牵挂，少了悠闲。我们的心灵需要空间，若是被塞得满满当当，必不会舒坦。要想赢得空间，我们就不得不放弃对某些物品的占有，也就是说，清理工作首先应该从我们满脑子的欲望开始。对这个道理，知之易，行之难。可以这样说，当我们初识了酸甜苦辣以后，得失这个观念就一直纠缠着我们，无论如何我们都无力将其抛在一边。

鱼与熊掌，不可兼得；世间万物，皆不能永存，得失都不是关键，重要的是得所该得到的，失所该失去的。因得而失，因失而得，才能真正掌握取舍之要；取舍之间关系到一个人的命运前途的改变。

人生要懂得放弃

一个和尚千里迢迢来向禅师求道。禅师先是以礼相待，却不说禅，他将茶水倒进和尚的杯子，杯子已经满了但是还在继续倒。

和尚眼睁睁看着茶水不停地流出来，终于忍不住大声问道："都已经满了，你怎么还倒啊？"

禅师笑了笑，"你就像杯子一样，里面已经灌满了你自己的看法，如果你不将自己的杯子倒空，我怎么和你说禅啊！"

这个禅师的话是富有哲理的。人越来越贪婪，什么都不愿意放弃，只抓住自己的东西不放，不懂得放弃，这样怎么能领悟生活的真谛呢？

夏天人们都喜欢吃水果，一次往往就买很多回家，有的水果因为天气热很容易坏，很多人会选择先吃坏的然后再吃好的，总觉得把坏的扔了可惜，结果把坏的吃完了，好的水果久了也放坏了。这样节俭有意义吗？

不会放弃就等于背上许多沉重的负担。比如说，那些式样过时或者陈旧的衣服，穿不出去，在家穿着也很不舒服，但是很多人还经常花时间去收拾，整理，翻晒，费时费力，还让旧衣服占有本来拥挤的衣柜。那么，为什么不选择扔掉或者捐给有需要的人呢？这样不是很好吗？

有一句很经典的话：当你握紧双手，里面什么也没有，当你打开双手，世界就在你手中。当鱼和熊掌不能兼得的时候，继续为了“兼得”而不做舍弃，这是极其不明智的。

在得到的同时，你也在失去；在选择的同时，你也在放弃。你有无数个机会，但你只能选择其中之一。人生不可能全选，一个人终其一生，只能选择一种生活。也许，你会说：只选择一种可能，这样的生活是不是太单调枯燥？其实并不是这样，我们的确只能选择一种适合自己的生活道路。比如，你选择了当作家，你就无法体会做一名成功商人的乐趣；你选择了单身汉的自由，你就无法体会婚姻的温馨。

人生要懂得放弃，有时候放弃不仅是一种勇气，更是一种智慧。所谓舍得，就是有舍才有得。放弃再以另外一种方式诠释人生，明白了放弃，你就懂得了人生。

人生感悟

生活原本是淳朴简单的。人，因为不懂得舍弃才会有许多的痛苦。舍弃才能释放新的空间，天地因此豁然开朗，生命会向你展现出另外一番的景致，放弃才是完美人生的大智慧。

学会从失去中获得

俄国伟大诗人普希金在一首诗中写道："一切都是暂时，一切都会消逝，让失去的变为可爱。"

居里夫人的一次"幸运失去"就是说明。1883 年，天真烂漫的玛丽亚（居里夫人）中学毕业后，因家境贫寒没钱去巴黎上大学，只好到一个乡绅家里去当家庭教师。她与乡绅的大儿子卡西密尔相爱，在他俩计划结婚时，却遭到卡西密尔父母的反对。这两位老人深知玛丽亚生性聪明，品德端正。但是，贫穷的女教师怎么能与自己家庭的钱财和身份相配呢？

父亲大发雷霆，母亲几乎晕了过去，卡西密尔屈从了父母的意志。

失恋的痛苦折磨着玛丽亚，她曾有过"向尘世告别"的念头。玛丽亚毕竟不是平凡的女人，她除了个人的爱恋，还爱科学和自己的亲人。于是她放下情缘，刻苦自学，并帮助当地贫苦农民的孩子学习。几年后，她又与卡西密尔进行了最后一次谈话，卡西密尔还是那样优柔寡断，玛丽亚终于砍断了这根爱恋的绳索，去巴黎求学。这一次"幸运的失恋"，就是一次失去。

如果没有这次失去，她的历史将会是另一种写法，世界上就会少了一位伟大的科学家。

人赤条条地来到这个世界，又手握空拳地离去。人的一生不可能永久地拥有什么，一个人获得生命后，先是童年，接着是青年、壮年、老年。然而这一切又都在不断地失去，在你得到什么的同时，你其实也在失去。所以说人生获得的本身就是一种失去。

学会习惯于失去，往往能从失去中获得。得其精髓者，人生则少有挫折，多有收获。人会从幼稚走向成熟，从贪婪走向博大。因为我们的整个人生，就是一个不断地得而复失的过程。

“假如生活欺骗了你”，事情的结局太出乎预料，我们也不要忧愁、不要悲伤、不要心急，更不要凄凄惨惨。生活有时也会因为一些失去反而变得更完美。失去了，我们还可以争取找回来，如果找不回来，还可以去发现新的更好的。

把握人生，学会取舍

共和国的开国元勋周恩来总理，从小就树立了“为中华之崛起而读书”的远大目标。之后的岁月中，他本可以无数次选择安逸舒适的生活，享受高官厚禄。这些机会对于当时的国人而言，无疑是功成名就的最好选择。但是，有了为祖国献身的远大目标，周恩来毅然放弃了这些所谓的机会，而是选择了血与火、粗茶和淡饭，九死一生，铸就了共和国的崛起和辉煌。

一些看似无谓的选择其实是奠定我们一生重大抉择的基础，古人云：“不积跬步，无以至千里；不积小流，无以成江海”。无论多么远大的理想、伟大的事业，都必须从小处做起，从平凡处做起，所以对于看似琐碎的选择，也要慎重对待，考虑选择的结果是否有益于自己树立的远大目标。

很多人觉得学习之余暂时放松一下不会影响什么，确实，劳逸结合对学习来说是十分必要的。但是，学习任务没有完成而去玩游戏，明天就要考试今天却去郊游而不复习，这样的选择多了，就会陷入享乐的诱惑不能自拔，进取心就会逐步丧失。新闻经常报导中小学生痴迷打电子游戏，从旷课发展至逃学，甚至夜不归宿，有的还陷入犯罪的深渊。他们当初面临选择学习还是玩游戏时，也认为自己只是暂时放松一下，但几次之后，便已失去了自己树立的远大目标，身陷迷途。就高考而言，大学系统教育是我们实现自己人生目标的必要辅助手段，用游戏时间或郊游等休闲时间投入学习，是为了实现上大学的近期目标，放弃自己的一些爱好是值得的，暂时的代价也就有了付出的充分理由。

看到这样一则故事：一只老鹰被人锁着。它见到一只小鸟唱着歌儿从它身旁掠过，想到自己却……于是它用尽全身的力量，挣脱了锁链，可它也挣折了自己的翅膀。它用折断的翅膀飞翔着，没飞几步，它那血淋淋的身躯还是不得不栽落在地上。

老鹰向往小鸟的自由，挣脱了锁链，却牺牲了自己的翅膀。自由的代价原来是牺牲自己的翅膀，如此一来也牺牲了自由。

自由和锁链本来就是孪生兄弟。在革命的年代，刑场的婚礼，“若为自由故，两者皆可抛”的气概无时不在人们脑海的深处。“不自由，毋宁死。”自由是人生最佳境界，提起自由，无不为之悠然神往。然而在现实生活当中，自由似乎都被锁链拴扣着。“鹰击长空，鱼翔浅底”这都是真的吗？我问自己。就让自己活在梦境当中，当它是真的吧！可长空的老鹰挣脱有形的锁链之后，却不知自己又被内心的欲望这条无形的锁链锁着。当它饥了、渴了，回归的还是那张高张的罗网。

有句俗话：“成人不自在，自在不成人。”古人云：“福兮祸之所倚，祸兮福之所伏。”当你福祸并臻，名利双收之际，也就招来了双重的捆绑，戴上了双重的锁链。这就是自己的代价。所以一个人应该学会——放弃自由。

古时有位高人在给慕名前来学习的人第一次讲道理时，他先拿了一满杯黑颜色的水，然后再往这杯子里倒清水。杯里的水不断外溢，而杯中水仍有黑颜色混在其中。这时，那高人对求学者说：“要想得到一杯清水，必先倒掉脏水，洗净杯子，学习也是如此。”

有追求必有所放弃，学习也是如此。要在学业上取得更大的进步，就需要不断抛弃陈旧的观念，更新知识，不断调整改变思维方式。法国生理学家贝尔纳说：“构成我们学习上最大障碍的是已知的东西，而不是未知的东西。”爱因斯坦也说过：“我不久学会了识别那些导致深邃知识的东西，而把其他许多只是充塞耳目、会转移主要目标的东西撇下不管。”论证时可结合自己的学习体会。

一个决定可以改变一个人的命运，这个决定是对是错，恐怕要用一生作赌注。其实，有未必真得，无未必真失，有无随缘、得失在心，人生的遭遇不可用“得失”二字定论。爱过又痛过，才算了解爱，虽然这爱性味苦涩、无花无果，只在心里生长，只任岁月将它磨蚀……好在有时间这帖药，它根治不了你的伤，或许能慢慢止住你的痛。

人生感悟

如果你不放弃眼前的热烈，就无法享受花前月下的温馨……生活给予我们每个人的都是一座丰富的宝库，但你必须学会放弃，选择适合你自己应该拥有的，否则，生命将难以承受！

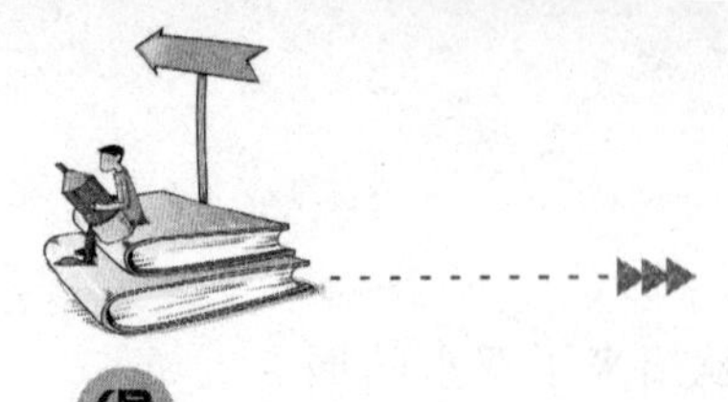

弄清自己最需要什么

在日常生活中，对于闲置之物的处理往往体现出一个人的思维方式。随着人们生活水平的提高，物尽其用的概念已经成为多余。现时，家家都有不少已被更新淘汰但并未完全丧失功能的物品，有些人家舍不得丢弃，日积月累，无用之物越积越多，等到堆放不下了，只能惋惜地集中扔掉，并在疲劳的同时慨叹着“早知今日，何必当初”。

有些人随时淘汰那些不再需要的东西，省去了集中处理的精力，平时家中也显得简洁明快。其实人生又何尝不是如此，即便过着平凡的日子，也依然会不断地积累，大到人生感悟，小到一张名片，都是从无到有，积少成多。无论你的名誉、地位、财富、亲情，还是你的烦恼、忧愁都有很多该弃而未弃或该储存而未储存的。人类本身就有喜新厌旧的嗜好，都喜欢焕然一新的，学会放弃也就成了一种境界，大弃大得，小弃小得，不弃不得。在生活中学会遗忘不如意的时候，学会放弃生命中可有可无的东西，心胸自会坦然。

比如证券市场，要以平和的心态介入，胸襟坦然才能做到旁观者清。股市是一个综合智力的竞技场，股票操作的前提是要发现股市中的规律，找到赚钱的方法，但必须学会放弃。不必天天满仓，但至少要像农民那样根据不同的季节调整自己的状态，储存赚钱的方法。股市中存在赚钱方法，但又没有必赢或必输的方法，赚钱的方法有使用障碍时就必须放弃。

有一个聪明的年轻人，很想在一切方面都比他身边的人强，他尤其想成为一名大学问家。可是，许多年过去了，他的其他方面都不错，唯独学业却没有长进。他很苦恼，就去向一个大师求教。大师说：“我们登山吧！到山顶你就知道该如何做了。”那山上有很多晶莹的小石头，煞是迷人。每见到他喜欢的石头，大师就让他装进袋子里，很快，他就吃不消了，“大师，再背，别说到山顶了，恐怕连动也不能动了。”他疑惑地望着大师。“是呀，那该怎么办呢?”大师微微一笑：“该放下，不放下背着石头咋能登山呢?”大师笑了。

年轻人一愣，忽觉心中一亮，向大师道了谢走了。之后，他一心做学问，进步飞快……其实，人要有所得必有所失，只有学会放弃，才有可能登上人生的极致高峰。我们很多时候羡慕在天空自由自在飞翔的鸟儿，人，其实也该像这鸟儿一样的，欢呼于枝头，跳跃于林间，与清风嬉戏，与明月相伴，饮山泉，觅草虫，无拘无束，无羁无绊。这才是人类应有的生活。然而，这世上终还有一些鸟，因为忍受不了饥饿、干渴、孤独乃至于“爱情”的诱惑，从而成为笼中之鸟，永永远远地失去了自由，成为人类的玩物。与人类相比，鸟面对的诱惑要简单得多。而人类，要面对来自红尘之中的种种诱惑。于是，人们往往在这些诱惑中迷失自己，从而跌入欲望的深渊，把自己装入了一个打造精致的所谓“功名利禄”的金丝笼里。这是鸟儿的悲哀，也是人类的悲哀。然而更为悲哀的是，鸟儿被囚禁于笼中，被人玩弄于股掌之上，就会欢呼雀跃，放声高歌，呢喃学语，博人欢心；而人类置身于功名利禄的包围中，就会自鸣得意，唯我独尊。这，应该说是一种更深层次的悲剧。

人生在世有许多东西是需要不断放弃的。在征途中，放弃对权利的追逐，随遇而安，得到的是宁静与淡泊；在淘金的过程中，放弃对金钱无止境的掠夺，得到的是安心和快乐；在春风得意，身边美女如云时，放弃对美色的占有，得到的是家庭的温馨和美满。

传说有一种小虫，每遇一物便取来负于背上，越积越重，又不愿放下一些，终于被压趴在地上。有人可怜它，帮它取下一些负重，它爬起

来继续前行，遇物又取之背负如故。又如紧闭的窗户前的一只蜜蜂，它不断地振起翅膀向前冲去，撞上玻璃跌落下来，又振翅飞起撞过去……如是反复不断，直至力竭而死。物类亦如此，较之物类，人更是固执。人总喜欢给自己加上负荷，不肯轻易放下，自谓为"执着"，执着于名与利，执着于一份痛苦的爱，执着于幻美的梦，执着于空想的追求。数年光华逝去，才磋叹人生的无为与空虚。我们总是固执地前进，由"我想做什么"到"我一定要做到什么"，理想与追求反而成为一种负担。冥冥之中有人举着鞭子驱使着我们去追赶，但是，我们追得到什么？夸父始终也没能追上太阳的东升西落。

适当的放弃何尝不是一种美德。或许有另一扇窗户开着，蜜蜂掉头就能飞出去。外面是自由的天，有自由的地、自由的空气、自由的心！

怀抱一颗平和之心，挡住诱惑，学会放弃，坚持一方内心的净土。古人云："无欲则刚。"这其实是一种境界，一种修养。没有太多的欲望，就会活得更加简单，更加洒脱，更加自由。

选择所爱的

当你面对某种选择的时候，必须有取有舍，这时就要拿得起，放得下，即该放弃的就毫不犹豫地放弃。

做人要有眼光，面对利弊取舍时，懂得舍卒保车。放弃，是一种睿智，是一种豁达，它不盲目，不狭隘；放弃，对心境是一种宽松，对心灵是一种滋润。

1967年，郑钧出生在西安一个知识分子家庭中，在郑钧7岁时，父亲因病辞世。幼年丧父，是他人生道路上遇到的第一次重大打击，他的独立生活的能力与坚毅的品格，也就从这时开始形成。

郑钧于1987年考入杭州电子工业学院，就读于工业外贸专业。因为专业原因，使他有机会接触大量的外来文化，其中让他感受最深的就是音乐。他与音乐的“缘”就是从这时建立的。在校期间，他听到了许多英、美六七十年代优秀的流行音乐和摇滚音乐，一些杰出的歌手、乐队及其作品，使他深为迷恋。

他用生活中节省下来的钱买了一把木吉他，在没有任何音乐基础的前提下，开始如醉如痴、不知疲倦地练习。他已深深爱上了音乐。

这时摆在他面前是两条路：一条是学好专业，将来做个出色的商人；一条是发展自己的爱好。当然这两者无法兼得。选择一条，就必将牺牲另一条。经过痛苦的思索，郑钧以牺牲专业为代价，毅然决然地离开了学校，全身心地投入到音乐练习当中。

这在当时绝对是一个大胆的行动。然而随之而来的两年的冷遇让他饱尝了绝望。冰凉的现实令他难以平静地面对，于是他躲进了音乐里苦苦地追寻。

凭着一份坚韧和执著。他终于等到了机会，他结识了北京著名音乐经纪人郭传林。那是一次非常偶然且戏剧性的相识，郭传林听完郑钧的歌曲小样后对他大加赞赏。郭传林当即把他推荐给红星生产社，红星以敏锐的洞察力看出了郑钧的潜质，并鼓励他继续从事音乐创作。而红星所表现出的对音乐人才的诚意与高水平的制作水准，也吸引了这位热爱音乐的年轻人，以至于郑钧决定放弃出国的打算。1992年7月，郑钧与红星生产社签约，成为一名职业创作歌手。

1994年6月他发表首张个人专辑《赤裸裸》，其中《回到拉萨》、

《赤裸裸》、《极乐世界》、《灰姑娘》等作品至今在国内广为流传。

1998 年初，经过全国及整个东南亚华语地区听众投票选举，郑钧荣获 1997 年度卫星电视音乐台颁发的“神州最佳男歌手”奖项，此为内地歌手首次获此殊荣。

1999 年 4 月 1 日，其第三张专辑《怒放》由上海音像正式发行，上市不到 5 天，第一批 20 万盒卡带全部售罄。北京、上海等许多大城市出现断货局面，上海音像高层人士直言“已许多年没有出现这样的景象了”。

成功后的郑钧在音乐的殿堂里犹如一个朝圣的信徒，依然孜孜不倦地求索、奋进。正是当时做出了正确的选择，才有今天的郑钧。

追求是一个苦难的历程，为了心中的理想要勇敢地选择，明智地放弃。认真选定的终点决不轻易改变，这样你就离成功不远了。

第二章

淡看得失，不让心灵超载

消除种种不利于身心健康的情绪，还自己一颗明朗、快乐、轻松、纯洁的心。只有摆脱心灵束缚的绳索，才能享受到真正的幸福，才会体会到做人的乐趣。在忙碌的现代社会，请拥有一份坐看花开花落，闲赏云卷云舒的恬淡心情吧！

舍去太多的顾虑

我们在做任何事情的时候，千万不要把事情过于复杂化，简单的时候就是简单，太多的顾虑反而会让我们走弯路，事情的结果也会和我们希望的不一致。

有一个老人，非常喜欢留大胡子，花白的胡子足有一尺长。有一天，老人在门口溜达，邻居家 5 岁的小孩儿问他："老爷爷，你这么长的胡子，晚上睡觉的时候，是把它放在被子里面呢，还是放在被子外面呢?"老人竟一时答不上来。晚上睡觉的时候，老人突然想起小孩子问他的话。他先把胡子放在被子外面，感觉很不舒服；他又把胡子拿到被子里面，仍然觉得很难受。就这样，老人一会儿把胡子拿出来，一会儿又把胡子放进去，整整一个晚上，他始终想不起来过去睡觉的时候，胡子是怎么放的。第二天天刚亮，老人去敲邻居家的门。正好是小孩子来开门，老人生气地说："都怪你这小孩，让我一晚上没睡成觉!"

胡子放在被子里面还是被子外面，有必要考虑这么多吗？人们往往把一些简单的问题复杂化，庸人自扰。

随着社会逐渐的复杂化，人的心理也跟着复杂起来，凡事总是顾虑重重，如果不能很好地处理，不良的心理经过长期的积压对人的身体健康非常不利。现在心理疾病越来越多，这在很大程度上都是因为人的想法太多，没有保持平和心态，人为地把问题搞得异常的复杂。我们要剔除掉心里的繁杂想法，归还人的简单纯洁心态，过一种健康快乐的生活。

人出现各种各样的心理反应是非常正常的，但如果让不良的情绪长久停留在我们的心里会影响我们的身心健康。所以，我们应该保持一颗

简单的心，不要自添烦恼。学会将没有用的、不利于精神健康的情绪统统去除掉，还自己一颗明朗、快乐、轻松的心，一颗简单纯洁的心。这样，我们就可以快乐一生。

我们要剔除掉心里的繁杂想法，归还人的简单纯洁心态，过一种健康快乐的生活。与自己的生活无关紧要的事情何必太在意，放宽胸怀，其实生活很简单，快乐很容易。

放下悲喜，解脱自己

人在心情不好的时候会不自觉地把自己封闭起来，关门不跟人说话，嘟着嘴生闷气，锁着眉头胡思乱想，结果心情更坏、更难过。所以，人要学习放下心情，拒绝让它折磨才行。

我们想拥有好心情，就得从原有的坏心情中解脱，从烦恼的死胡同中走出来。请注意，放下心情的包袱，好好审视清楚，看看哪些是事实，把它留下来，设法解决；哪些是垃圾，是给自己制造困扰的想法，要狠下心来，把它抛开，这就能应付自如，带来好心情和清醒的头脑。因此，人人都应该学会放下和割舍。

佛陀在世时，有一位名叫黑指婆罗门来到佛前，一手拿了一个花瓶，前来献佛。佛对黑指婆罗门说：“放下！”婆罗门先把他左手拿的那个花瓶放下。佛陀又说：“放下！”婆罗门又把他右手拿的花瓶放下。然而，佛陀还是对他说：“放下！”这时黑指婆罗门说：“我已经两手空空，没有什么可以再放下了，请问现在你要我放下什么？”佛陀说：“我并没有叫你放下你的花瓶，我要你放下的是你的六根、六尘和六识。当你把这些统统放下，再没有什么了，你将从生死桎梏中解脱出来。”黑指婆罗门才了解佛陀所指的放下的道理。

我们肩上的重担、心理上的压力使我们的生活过得非常艰苦。必要的时候，佛陀指示的“放下”，不失为一条幸福的解脱之道。

我们常说：“拿得起，放得下”，其实，所谓“拿得起”，指的是人在踌躇满志时的心态；而“放得下”，则是指人在遭受挫折或者遇到困难或者办事不顺畅以及无奈之时应采取的态度。一个人来到世间，总是会遇到顺逆之境、迁调之遇、进退之间的各种情形与变故的。范仲淹说：“不以物喜，不以已悲。”有了这样一种心境，就能对大喜大悲，厚名重利看得很轻很淡，自然也就容易“放得下”了。

传说苏东坡谪居黄州，临水而居，与对岸寺中老僧学佛参禅。忽一日心中似有所悟，遂提笔展纸得佛偈句：“端坐紫金莲，佛光照大千，心定如止水，八风吹不翻。”苏东坡反复吟诵，越觉高兴，便唤书童携书驾船，过河送给老僧观看。老僧接过看完也不说话，提笔在下面批了两字：放屁。然后递给书童说道：“回吧。”

那书童将老僧的批复交给苏东坡，苏东坡看后心想，“我将学佛心得告诉你，你不赞同我也就罢了，怎么竟骂人放屁。”他越想越气，最后命书童备船，要亲自过河找老僧理论。当他怒气冲冲驾船将要到对岸时，见那老僧已带领一班弟子在岸上迎接，老僧双手合十面带微笑，朗声问道：“苏施主，你不是大风吹不翻吗？怎么我一个屁竟把你吹过河来啦？”苏东坡闻言细想，转怒而愧。在船上拱手施礼，竟下船而回。

一个人活着，只需安宁度日，悲也可以放下，喜也可以放下，这就是生活的真谛。如果你总是沉迷于愁喜之间，你就永远无法获得一份平和，你也就无法看到内心之外的精彩世界。

有一位旅者，经过险峻的悬崖，一不小心掉落山谷，情急之下抓住崖壁下的树枝，上下不得，祈求佛陀慈悲营救。这时佛陀真的出现了，伸出手过来接他，并说：“好！现在你把攀住树枝的手放下。”但是，旅者执迷不松手，他说："把手一放，势必掉到万丈深渊，粉身碎骨。"

旅者这时反而更抓紧树枝，不肯放下。这样一位执迷不悟的人，佛陀也救不了他。坏心情就是紧抓住某个念头，死死握紧，不肯松手去寻找新的机会，发现新的思考空间，所以陷入愁云惨雾中。

其实，人只要肯换个想法，调整一下态度，或者移动一下视角，就能让自己有新的心境。只要我们肯稍做改变，就能抛开坏心情，迎接新的处境。

我们肩上的重担、心理上的压力使我们的生活过得非常艰苦。必要的时候，佛陀指示的"放下"，不失为一条幸福解脱之道。

学会释放不幸

广阔的世界、漫长的人生，未必都充满称心如意的事情。倘若可以没有任何苦恼和忧虑，平平安安地享受太平，就是求之不得了。然而，事实往往不能如此，有时候日坐愁成，有时候天灾人祸，都有可能让不幸像幽灵般地降临到身边，它能将你摧残得支离破碎，心神俱疲。

往往一场不幸，就能毁掉你的前程和事业。面对不幸的压力该如何处理呢？

格林夫妇带着两个儿子在意大利旅游，不幸遭劫匪袭击。如一场无法醒转过来的噩梦，7 岁的长子尼古拉死于劫匪的枪下。就在医生证实尼古拉的大脑确实已经死亡的半小时内，孩子的父亲格林先生立即做出了决定，同意将儿子的器官捐出。4 小时后，尼古拉的心脏移植给了一个患先天性心脏畸形的 14 岁孩子；一对肾分别使两个患先天性肾功能不全的孩子有了活下去的希望；一个 19 岁的濒危少女，获得了尼古拉的肝；尼古拉的眼角膜使两个意大利人重见光明。就连尼古拉的胰腺，也被提取出来，用于治疗糖尿病……尼古拉的脏器分别移植给了亟须救治的 6 个意大利人。

"我不恨这个国家，不恨意大利人，我只是希望凶手知道他们做了些什么。"格林，这位来自美洲大陆的旅游者说，嘴角的一丝微笑掩不住内心的悲痛。而他的妻子玛格丽特的庄重、坚定、安详的面容，和他们 4 岁幼子脸上大人般的表情，尤令意大利人灵魂震撼！他们失却了自己的亲人，但事件发生后他们所表现出来的自尊与慷慨大度，令全体意大利人深感羞愧。

假如是你遇到了格林夫妇这样的不幸，你该如何呢？是抓住不幸不放，终日的萎靡不振呢？还是也能如格林夫妇这样坦然处之呢？事业受挫也是如此，即便是宽怀大度，也会有一个挣扎的过程，这就要看你具不具备这种良好的心理素质了。

当然，我们不是圣人，不是英雄，但我们没有理由不努力向圣人、向英雄靠近一点。倘不是有意回避或者矫饰，就得承认，我们很多时候的沉沦，是因为我们自甘沉沦；我们很多时候远离着崇高，是因为我们拒绝崇高。

倘若你的心境因凡尘变得支离破碎，请尝试站在新的角度，用一颗积极健全的心去对待生活中的点点滴滴。也只有这样，我们才能轻松、愉悦地走过人生的风风雨雨！

人生感悟

如果抓住不幸不放，那么痛苦和消沉就会侵害你的灵魂。我们只会更加痛苦和消沉，我们只会让不幸再扩大化，而这一切的后果使不幸更加不幸。所以，我们应敞开胸怀，学会释放不幸的压力。

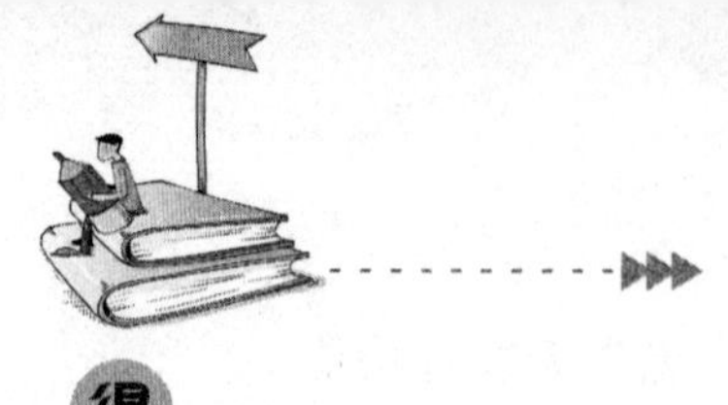

学会自我尊重

在生活的陷阱和深渊中，最可怕的就是自己不尊重自己，这种毛病又是最难克服的。而一向尊重自己的人不会对他人抱有敌意，他不需要去证明什么，因为他可以把事实看得很透彻。他也不需要别人证明自己的正确。

“尊重”这个词意味着对价值的欣赏。欣赏你自己的价值并不等于自我中心主义，因为人们需要自我尊重。

自我尊重的最大秘密是：开始多欣赏别人，对任何人都要有所尊敬，你和别人打交道时要留心考虑，训练自己把别人当做有价值的人来对待。这样，你会惊奇地发现，你的自尊心也加强了。因为真正的自尊并不产生于你所成就的大业，你所拥有的财富，你所得到的荣誉，而是对你自己的欣赏。

我们没有理由总欣赏别人的长处，而忽略自己的优点；没有理由一味地比高比优，而丢掉了自我，我们要学会对自己有一个全面的、公正的认识。

也许你在某些方面的确逊于他人，但是你同样拥有别人所无法企及的专长，有些事情也许只有你能做而别人做不了。学会欣赏自己，你就会发现一个全新且出色的自己。

如果你因过分自卑而使得自己处处缩手缩脚，这样你就完美了吗？你封闭了自己所谓的缺点的同时也掩埋了自己许多的优点和长处，这样你就快乐了吗？其实，你刻意追求完美只能给自己增加沉重的精神包袱，它只会让你活在更深的自我轻薄之中。而无论什么时候，尊重自己、欣赏自己，勇于承认真实的自我才是最轻松快乐的。

每个人都有自己特定的优、缺点，我们更没有必要因为某些世俗的观念而妄自菲薄。要相信这个世界上的你是独一无二的。别人可以看不起你，但你不能不尊重自己。

春秋时，齐国的大臣晏子个儿很矮。一次他出使楚国，楚人想羞辱他，就在大门旁开了一个小门“请”晏子进去。

晏子说：“使狗国者，从狗门入。今臣使楚，不当从此门入。”楚人只得请晏子从大门进去。晏子不辱使命，维护了自己的尊严、国家的尊严，他懂得“人岂能使我轻重哉”的道理。我们为什么就不能挺起胸，自信乐观地做人呢？

一个人可以没有靓丽的容貌，但不能没有做人的尊严。别人怎么看你，那是他个人的问题，与你没多大关系。而你怎样看待自己，才是最重要的。

当你学会了欣赏自己，恢复了自信，带着对自己和生活的热爱去工作、学习、生活时，你就会更臻于完美。

每个人都有自己特定的优、缺点，我们更没有必要因为某些世俗的观念而妄自菲薄。要相信这个世界上的你是独一无二的。别人可以看不起你，但你不能不尊重自己。

放下心里的石头

很多人因为自己的缺陷和不足而丧失了自信，变得自卑。我们应该明白，没有一个人是完美无瑕的，每个人或多或少都会有些缺陷，有的

暴露在外，有的隐藏在内。难道有缺点和不足就要自怨自艾，整天沉浸在烦恼之中吗？其实，只要你把缺陷、不足这块堵在心口上的石头放下来，别过分地去关注它，它也就不会成为你的障碍。因为这些缺陷都不妨碍一个人追求快乐圆满的人生。

有一则格言是这样说的：如果折断了一条腿，你就应该感谢上帝不曾折断另一条腿；如果折断了另一条腿，你就应该感谢上帝没有折断脖子；如果折断了脖子，你就没有什么可再担忧的了。

庄子讲过一个故事：有一个叫支离疏的人，脸部隐藏在肚脐下，肩膀比头顶高，颈后的发髻朝天，五脏的血管向上，两条大腿和胸旁肋骨相并。替人家缝洗衣服，他足可生存下来；替人家簸米筛糠，他足可养十口人；政府征兵时，他摇摆游离于其间；政府征夫时，他因残疾而免劳役；政府放赈救济贫困时，他可以领到三斗米和十捆柴。在我们眼里，这个人是很惨的，可庄子说，残缺也许是福。

有一个小姑娘，她从小耳聋口哑，每当她看到别的小姑娘咿咿呀呀地唱歌跳舞的时候，她就特别悲伤，认定这是老天在责罚她，感到一辈子就这么完了。小姑娘们看见她在一旁暗自伤神也都和她一起玩，她们甚至不再唱歌跳舞，因为她唱不出歌，也听不到节奏。但是，她始终闷闷不乐，因为她不愿意在别人的怜悯中过活。直到她该上学了，父母把她送到特殊学校，她开始时坚持不去，后来看到父母眼里的深深忧虑，她还是去了。在班上她是最沉默的一个，她无法像其他孩子那样豁达，因为她梦想成为歌唱家，梦想着一切与声音有关的世界。有一天，一位老师来到她身边，对她说：“世界上每一个人都是被上帝咬过一口的草莓，都是有缺陷的。有的人缺陷比较大，因为上帝特别喜爱他的甜美。她很受鼓舞，从此把失聪和失语看做上帝的特殊钟爱，开始振作起来。若干年后，有一个知名的聋哑作曲家用她特殊的音符，让人们感知到了无声世界的音乐。

实际上，每个人都不可能是完美无缺的，人人都有缺陷，而过分地关注自己的缺陷则是最愚蠢的做法。作为独立的个体，你要相信，你有许多与众不同的甚至优于别人的地方，你要用自己特有的形象装点这个丰富多彩的世界。

也许你存在某个缺点，也许你的身体存在缺陷，但是千万别气馁。上帝是公平的，他在关闭一扇门的同时，也打开了另一扇窗。不要太执着，轻轻地将心中的石头放下，你将拥有快乐、圆满的人生。

生气有害而无益

有一个青年，各方面都不错，只是特别喜欢为一些琐碎的小事生气。别人还不知道是怎么回事，他却生气了。他也知道自己这样不好，但就是改不了，于是他便去求一位高僧为自己谈禅说道，解决自己的烦恼问题。

高僧听了他的讲述后，一言不发地把他领到一座禅房中，让他坐在里面，自己突然落锁而去。

青年气得跳脚大骂，骂得口干舌燥，高僧也不理会。这时候，青年又开始哀求，但高僧仍然不理会他。青年无奈，终于沉默了，听到没有声音了，高僧来到门外，问他："小伙子，你还在生气吗？"

青年说："我只为我自己生气，我怎么会到这地方来受这份罪，还不如不来找你呢！"

"连自己都不原谅的人怎么能心如止水呢？看来你还没有静下来啊！"高僧说完，拂袖而去。

过了一会儿，高僧又问他："现在还生气吗？"

“我不生气了，生气也没有什么办法。”青年说。

“如此看来，你的气并未消逝，还是埋在心里，爆发后将会更加剧烈，还不行。”高僧又离开了。

当高僧第三次来到门前的时候，青年告诉他：“我已经不生气了，因为根本不值得生气。”

“你现在还知道值不值得，这说明你心中还在衡量着，还是有气。”高僧笑道。

当夕阳即将西下的时候，青年问高僧：“大师，到底什么是气啊？你告诉我吧。”于是，高僧将手中的茶水倾洒于地。青年思索良久，突然顿悟。立即叩谢而去。

生命的长度是上帝给予的，我们无法把握，生命的宽度却掌握在我们自己的手中。我们虽然不能控制生命的长度，但我们完全可以掌握生命的宽度。因为我们完全可以在工作中、生活中，更好地与人沟通，与人为善，使人际关系更圆满，也使生命过得更充实、更有意义、更精彩。

人生感悟

什么是气呢？气，便是别人吐出你去接到口里的那种东西，你吞下便会反胃，你不看它时，它便会自然地消散了。换句话说，气就是用别人的过错来惩罚自己的愚蠢行为。

不要让心牢囚禁自己

许多人活在别人对自己的评价中。如果别人对他持否定态度，他就觉得自己一无是处，而变得灰心丧气。在别人的评价中摔了跟头，却没有勇气再爬起来的人多半是因为自卑，自卑使他们的人生永远充满遗憾。过多地依赖他人的评价，你就会成为这种评价的牺牲品。

有一位美丽的公主叫雷凡莎，头上披着很长很长的金发。她因听信巫婆的言语，认为自己丑陋无比，于是将自己囚禁在塔里不愿出来。一天，一位英俊的王子从塔下经过，被雷凡莎的美貌惊呆了，从这以后，他天天都要到这里来，一饱眼福。雷凡莎从王子的眼睛里认清了自己的美丽，终于从塔里走了出来。

美丽的公主对巫婆的话信以为真，使自己陷入了自卑的心理牢笼中。

事实上，生活中这样的例子不胜枚举。由于这种自卑心理在作怪，有些人总是拿别人的优点、长处与自己的缺点和短处进行比较，他们总是过多地依赖别人的评价。殊不知自己身上也蕴藏着无穷无尽的潜力。久而久之，他们丧失了信心，情绪萎靡，并在不知不觉中为自己营造了自卑的“心理牢笼”。

不要完全相信你听到的一切，也不要因为他人的议论而鄙视自己，否则就会陷入自卑的“心理牢笼”。

不要被过多的想法所累

你是否曾经注意到，当你困在自己的想法中时，会感到何等的焦急不安？最糟的是，你越是在令你烦心的细节上全神贯注，就越觉得糟糕。思绪一个接着一个，直到你焦躁到不可思议的地步。

有一个制造各式各样成衣的商人，在经济不景气的波及下生意大受影响，因此，他整天心情郁闷，每天晚上都睡不好觉。妻子见他愁眉不展的样子十分担心，就建议他去找心理医生看看，于是他前往医院去看心理医生。医生见他双眼布满血丝，便问他说：“怎么了，是不是受失眠所苦?”成衣商人说：“可不是吗!”心理医生开导他说：“这没有什么大不了的！你回去后如果睡不着就数数绵羊吧!”成衣商人道谢后离去了。过了一个星期，他又来找心理医生。他双眼又红又肿，精神更加不振了，心理医生复诊时非常吃惊地说：“你是照我的话去做的吗?”成衣商人委屈地回答说：“当然是呀！还数到三万多头呢!”心理医生又问：“数了这么多，难道还没有一点睡意?”成衣商人答：“本来是困极了，但一想到三万多头绵羊有多少毛呀！不剪岂不可惜。”心理医生于是说：“那剪完不就可以睡了?”成衣商人叹了口气说：“但头疼的问题来了，这上万头羊毛所制成的毛衣，现在要去哪儿找买主呀！一想到这儿，我就也睡不着了!”

对许多人来说，这种“思绪发作”可以没完没了地继续下去。事实上，被众多暂时无法达到的想法困扰的人，他们有许多白天和夜晚都消耗在这类心理预演上。不消说，脑中充满了忧虑与烦恼时，当然不可能得到安宁。

解决之道就是，在思绪有机会形成任何动力之前，先意识到你的脑子里发生了什么事。越早逮到内心正在滚动的雪球，就越容易阻止它。

你可能真的非常忙碌，但是千万要记住，脑中充满过多的念头，只会使你的情绪更加恶化，让你感到压力更大。

保持快乐心情

印度有一句谚语："播下一种心态，收获一种性格；播下一种性格，收获一种行为；播下一种行为，收获一种命运。"

心理学家马斯洛也曾讲过类似的话：心若改变，你的态度跟着改变；态度改变，你的习惯跟着改变；习惯改变，你的性格跟着改变；性格改变，你的人生跟着改变。有了快乐的思想和行为，你就能得到快乐。

快乐是一种行为习惯，而究其本质，快乐实际上是一种心理习惯。人们常说心态决定命运，不错，快乐的心态决定快乐的命运。养成快乐的心理习惯，我们就成为自己命运的主人，因为快乐的习惯将使我们不受外在条件的支配。

在麦当娜 40 岁的时候，她却说自己必须减掉五岁。她的理由有四个：当年与西恩潘的婚姻，可以说有一整年是浪费掉的，因此，必须去掉一岁。她与女喜剧演员珊德拉·班哈特为争女儿而翻脸，因此，两年的友情算是空白，又要减掉两岁。接下来是她曾经演出过大烂片《赤裸惊情》，所以这一年也不能算。最后是演出《狄克崔西》时与华伦比提的恋爱谣传，那一年等于是浪费她的生命，因此，必须要减掉那段时间。她将那些不愉快的岁月减掉，便可以永远保持年轻快乐的心。

想想看，你是否也有过把光阴虚掷的时候？用四年的时间去不顾一切地爱一个男人，最终他却抛弃了你？减掉四岁吧！因为失恋而将自己尘封在一段往事中长达三年？减掉三岁吧！由于要维持生计，不得不从事一份你一点儿都不喜欢的工作？把这段时间也扣除吧。这样一算，时间和年龄已不再成为你的压力，你是不是又年轻快乐了许多？

时间是供我们垂钓的溪流。在这条溪流中，我们是想要抓住星星、月亮或鱼群还是水草，完全掌握在我们的手中，汩汩的河水流逝了，年轻快乐的心境却永远不会被磨损。

一个人生理上走向衰老并不可怕，只要他的心还是年轻的，一样会把生活过得充满激情。可是，一个人的心理若是老去，即便再丰富的生活也将变得单调乏味。所以，法国思想家蒙田说：“我宁愿有一个短促的老年，也不愿在我尚未进入老年期就老了。”这可能是大多数人的心声。

一个人的生命应该以岁月来计算，还是应该以心理年龄来计算，这是一个值得重新认识的问题。

心理年龄的最基本要素是快乐，快乐的人才会永远年轻。

年轻不只是外表，更是一种心境，一种亮丽、快乐、蒸蒸日上的心境；是一种节奏，像钟表一样从容自如地不停摆动，具备一定速度和节奏。年龄的生物钟，必须用智慧的指针去引领。

衡量生命意义的尺度是快乐。各人眼里的快乐是不尽相同的，关键是我们如何调整我们的心态，以使我们找到更多获得快乐的理由。

快乐起来的理由有万万千千，关键是要时时刻刻地调整自己去适应环境和他人，善于开阔自己的心胸。

我们要停下每日的许多烦恼想法，让自己的思考回归青春，重新变得柔软而具有弹性；让心弦不再那么紧绷，试着放松对自我严苛得过分了的要求，或活在青春轻松的心境中，我们就可以生活得更快乐。

当快乐成为一种习惯时，我们就不需要给快乐找理由了。因为快乐，所以快乐。这就是习惯的非凡力量。

人们常说心态决定命运，不错，快乐的心态决定快乐的命运。养成快乐的心理习惯，我们就成为自己命运的主人，因为快乐的习惯将使我们不受外在条件的支配。

平淡生活最洒脱

平淡是一种表现：当我们懂得放下，就知道什么叫难得糊涂，什么叫平凡难求了。没有人不想平淡一世，平凡一生，活出一份心情，一份快乐，可是就因为有太多的舍不得放不下。

有这样一个穷人，他梦想着有一天自己变成一个百万富翁，站在大街上笑看那些轻视自己的人，后来他经过自己的“努力”再加上一些手段终于当了一回百万富翁，开着自己的轿车在大街四处游走，可是曾经的人早已不在，而现在的人也没有心情去看他的人生，到这时他才明白，与自己没有关系的人都不会去在乎他是什么样，只有自己的亲人、朋友才能懂得自己的心情。

在忙忙碌碌的追求中，我们用短暂的人生没有铺就平坦大道，却走出了曲折与坎坷，走出了后悔与伤痛，不是说没有上进之心，不是说没有追求之心，而是因为看不到未来，人生需要用心体悟，有些人悟出了平凡之道，有些人却学会了见风使舵，为求生存碌碌无为过日子。

有一个年轻人，他很想开一个门面店，可是又不知道开什么样的店好，自己就四处打听，后来听说开个面包房很挣钱，他就不加考虑，开起了面包房，面包房是开起来了，却因为自己对这行一无所知，而且这个地方很多人不喜欢吃面包，所以生意一点也不火。

后来他只得匆匆盘了店，又想做其他生意，看到卖衣服的很吃香，就又开起了服装店，可是他对自己的店适合经营什么的服装又不懂，进的服装不但款式不好看，而且价格特别贵，也没有人来光顾，他又盘了店，想着下一个生意，就这样来回开开关关，什么都没有做成，还把自己的老本全部搭进去了。

当他走到其他店里看到别人生意那么红火时，他很疑惑，为什么人家的生意都是那么好，而自己也是这样做的啊，为什么就不火呢？他跑过去问一家店老板，这个好心的老板对他说："你看到什么就做什么，没有自己的一点思考，目光短浅，肯定是要被人挤掉的，哪有吃过的饭还香的啊？"

故事中的主人翁由于没有长远的发展目光，只听别人的言论就下定论，还以为自己很聪明，结果总是次次碰钉，没有成就一件大事，如果他能坚持下来做一件事，认真学习其中的经验与窍门，那也许不至于变成一事无成的人。

不是说有了好的发展前景，自己就照猫画虎，一点也不改变地去做，而是应该考虑一下，这件事对别人来说是好事，可是对于自己是否就是好事？要善于观察，把目光放远一些，这样就不会吃亏，更不会把自己弄得没有一点生活价值了！

很多人付出了很多还不愿意放下，由于自己放不下，使得自己越抓越紧，到最后什么都没有得到，而且因为这些事使自己变得自私自利，没有人再愿意与自己真心交往，也没有人再去关心自己同情自己，自己虽然获得了想要的东西，却为此要付上一生的孤独与痛苦。

有一个富翁，他有很多的地和财产，但这个人十分小气，看到家人浪费一点东西就大叫大骂，他唯一的女儿更是怕他，见到他都想方设法走得远远的。老伴在多年前离世。

有一天他的女儿相中了一件十分漂亮的衣服，害怕父亲不让买，就用自己刺绣挣的钱买了下来，可是这件衣服穿着有点大，自己就凭着当时学的刺绣给修改了一下，当他父亲走了过来，看到地上的碎布头时，心中十分恼怒，本来还想给自己的父亲展示一下自己的杰作，谁知道还没有吭声，父亲就大叫了起来："大了不会去商家换啊，说不定还能因为这些给个便宜价呢？买这么好的衣服干什么呀，穿得普普通通的不就行了，这不是浪费吗？……

女儿很是委屈，心想与其穿那么大的出去还不如适合自己的身材裁剪呢，就因为这件小事值得发那么大的火吗？女儿越想越气，后来一个人就上吊自杀了。这个富翁最后只剩下自己守着这些财产。

是啊，由于自己的自私自利，害得别人不敢与自己接近，害得家人痛不欲生，这又是何苦呢？难道一个人守着这些生不带来死不带去的钱财就能幸福一辈子吗？

当一个人放不下钱财时，就会变成这些钱财的奴隶，这样他永远不能平淡地看待任何事物，而这些财产恰恰就是带给自己烦恼的导火索，由于不够大度，拿得起放不下，这样就会使你变得自私自利，不但害了自己还会害了他人。

放下是一种心态，懂得放下的人就会懂得珍惜生活，爱护生命，人一辈子不容易，何必为生活中的某些事放不下呢？只要你能正确地面对人生，知道自己的快乐是自己创造的，那么你就会淡然地对待任何事物。

淡看成败得失

很多人告诉自己："我已经尝试过了，不幸的是我失败了。"其实他们并没有搞清楚失败的真正含义。

大部分人在一生中都不会一帆风顺，难免会遭受挫折和不幸。但是成功者和失败者非常重要的一个区别就是，失败者总是把挫折当成失败，从而使每次挫折都能够深深打击他追求胜利的勇气；成功者则是从不言败，在一次又一次挫折面前，总是对自己说："我不是失败了，而

是还没有成功。”一个暂时失利的人，如果继续努力，打算赢回来，那么他今天的失利，就不是真正的失败。相反，如果他失去了再次战斗的勇气，那就是真的输了！

美国百货大王梅西也是一个很好的例子。他于1882年生于波士顿，年轻时出过海，后来开了一间小杂货铺，卖些针线，铺子很快就倒闭了。一年后他另开了一家小杂货铺，仍以失败告终。

在淘金热席卷美国时，梅西在加利福尼亚开了个小饭馆，本以为供应淘金客膳食是稳赚不赔的买卖，岂料多数淘金者一无所获，什么也买不起，这样一来，小铺又倒闭了。

回到马塞诸塞州之后，梅西满怀信心地干起了布匹服装生意，可是这一回他不只是倒闭，简直是彻底破产，赔了个精光。

不死心的梅西又跑到新英格兰做布匹服装生意。这一回他时来运转了，他买卖做得很灵活，虽然头一天开张时账面上才收入11.08美元，但现在位于曼哈顿中心地区的梅西公司已经成为世界上最大的百货商店之一。

如果一个人把眼光拘泥于挫折的痛感之上，他就很难再抽出身来想一想自己下一步如何努力，最后如何成功。一个拳击运动员说：“当你的左眼被打伤时，右眼还得睁得大大的，才能够看清敌人，也才能够有机会还手。如果右眼同时闭上，那么不但右眼要挨拳，恐怕连命也难保！”拳击就是这样，即使面对对手无比强劲的攻击，你还是得睁大眼睛面对受伤的感觉，如果不是这样的话一定会失败得更惨。其实人生又何尝不是这样呢？

中国有句谚语叫“多难兴邦”。挫折、困境确实会使人精力耗竭、精神崩溃，乃至一蹶不振，但它也可以助人成熟，把人推向成功。同是挫折，对有些人会成为动力，助其走上人生的良性循环，而对有的人却是阻力，使其陷入困境不能自拔。

“力量不在别处，就在我们自己身上。”面临挫折和困境的朋友，愿你从鲍狄埃的话语中，悟出你的力量和勇气。要记住，走出失败的第一步是能够坦然地面对它。

人生的失败大多是无法挽回的，越想补偿，越不甘心就越痛苦，况且那失败像破碎的瓷器，像泼出的水，怎么也不能回复到原来的样子。所以在失败的时候最重要的是找到一个新的起点，重新开始，继续前行了。

有人用“只要耕耘，不问收获”作为补偿失败的理论根据，可就算补偿了又有什么意义？人总要前进，不能把时间浪费在一些毫无意义的努力上，尽管这种努力很悲壮，很值得同情。

人在大的得意中常会遭遇小的失意，后者与前者比起来，可能微不足道，但是人们往往会怨叹那小小的失，而不去想想既有的得。

比如，一位千万富翁，很可能因为背负两百万元的账而郁郁不安，一位经理很可能因为遭受总经理的白眼而心事重重。他们只计较眼前的小小的不如意，却不想想自己已经是非常得意的人，也就因此，许多得意者反不如一般人来得快乐。甚至千万富翁自杀了，经理就此辞职了，到头来这些得意人，因为自己的看不开，最终成了真正的失意者。

得与失在我们的心中，只有一线之隔，我们意以为得，就是得意；意以为失，就是失意。所以颜渊居陋巷，一箪食，一瓢饮，也能得意在其中。秦王政统一七国，兼并天下，也能失意于其间。有得必有失，有失必有得，所得既多，便是再增加，也不觉得欣喜，稍有所失，便惶惶恐恐；所失既多，就是再失，也不感到痛惜，稍有所获，便十分快乐。如此说来，得意何尝不是失意之由，失意又何尝不是得意之始呢？孔子《论语》里记录有这样的故事：

有一天楚王出游，遗失了他的弓，下面的人要去找，楚王说：“不必了，我掉的弓，我的人民捡到，反正都是楚国人得到，又何必去找呢？”孔子听到这件事，感慨地说：“可惜楚王的心还是不够大啊！他为什么不讲：人掉了弓，自然有人拾得，又何必计较是不是楚国人呢？”

更深一层想，我们人生最大的得意与失意，都是由我们自己来左右的。人生最大的得，应该是“生”，我们从父母那里得到生命，不是最

大的得吗？因为没有这个得，就没有以后的得，这是得的根本。而人生最大的失，应该是“死”，当这一刻来临，我们便须交出所得的一切，包括自己的生命，这不是最大的失吗？

人生感悟

得与失在我们心中，只有一线之隔，我们意以为得，就是得意；意以为失，就是失意。能够悟透得失的人，才会有快乐的人生。

把暂时“多余”的东西收藏起来

人世间，我们每个人的一生会拥有很多的东西，比如亲情、爱情、友情……有道是：过犹不及。当我们承载不了太多的东西时，不妨找一个装“多余”的衣兜，把那些暂时无法承载的装进去，让自己轻松地继续前行。

丈夫过而立之年的生日那天，她精心为他做了一顿饭。

一顿饭对别人来说也许算不了什么，但对于很久不曾下厨房的她来说看着自己花费整整一个下午的宝贵时间精心做出来的“作品”，连自己都感动了。

烛光下，守着自己的杰作，想象着他回来时的兴奋表情。

晚上 6 点，他回来了，只看了一眼她为自己精心策划的“作品”，露出了一丝疲惫的微笑，就忙着接电话去了。她甜蜜的感觉立刻大打折扣，整个晚上心情就像昏暗的烛光，再也亮不起来了。

心情不好的时候，她总是去上街购物。第二天是周日，她把丈夫扔在家，自己和女友逛街去了。

她们挽着手臂，不放过任何一家时装店。她买了好多衣服，可她朋友一样也没买。朋友想买一条带兜的裙子。可是她们从头逛到尾也没找到合适的。

她有些不解地问："为什么一定要带兜的裙子呢，那个小兜兜什么也放不下呀。"

"但是可以放手啊！你不觉得有些时候手是多余的吗?"朋友一边说一边把放在衣兜里的手拿出来又放进去，重复这动作给她看。

生命中很重要的，可以擎起很多重量的手现在竟成了多余的了！还有一些时候，我们也感觉到了自己手多余。当我们站在众人面前讲话，或者在路旁遇到熟人寒暄，或者和心爱的人依偎漫步，我们真的感觉到有一只手是多余的，无处安放。于是，小时候用来装糖果、玩具的衣兜现在用来放手了。

就在一瞬间，她突然明白：原来我们一直以为很重要的东西在有些时候也会显得微不足道，甚至感到多余！就如同多余的手一样。只有你自己知道是多余的，而这样的多余其实也是人生的一个部分，因为你无法预料它何时为珍贵，何时为多余，只要你能够找一个地方安放它，你就能自我安慰、自我鼓励。

人生感悟

人生不能没有凝重，也不会总是轻松，但如果没有看起来暂时是多余的东西，便构不成完整的人生。快乐与痛苦、幸福与悲伤，都是你自己的，你的心境、你的感受、你的想象不可能完整地与人分享，能够分享的也只是其中的一部分，多出来的部分你要找一个心灵的衣兜来暂时安放和收藏它。这，就是善待他人，也是善待自己。

第三章

在失去中搏取收获

在生活中懂得知足的人往往不会贪恋身外之物，这样便能获得难得的清醒，也会变得轻松自在。面对人生的得失要学会保持平和的心境，学会放弃，把名利置于身外。人生有一种境界叫舍得，它能让人一生幸福，放下是一种境界，它能教会我们在失去中搏取人生更大的收获。

舍欲而得乐

在很久以前，有一个国王，他可以说是上帝的宠儿，他有着爱他的妻子，有着最崇拜他的儿女，而且他还有着信任他、听他指挥的士兵，有着忠于他的人民，但是他有着一种超越生、老、病、死的追求，为了这种追求，他决定离开这里，放弃这里的一切。

当他摘下头上的皇冠，把这顶象征着权力和财富的帽子戴到自己聪明儿子身上时，他突然有一种满足和快乐，他为了自己的追求，离开了爱他、亲他的这个地方。当他走遍了千山万水，看尽了人世间的丑与恶后，他用着自己的血肉之躯冲破黑暗与阴冷，以自己的智慧，照亮尘世中挣扎迷茫的人们。

他被人们当做了神，见到了他就见到了光明，后来他完全抛弃了自我，舍弃了一切，终于参悟了真相，懂得了什么叫做生生不息，什么叫做源源不断，一举得道成佛，他就是后来人们常说的释迦牟尼佛。

做人要不被外界事物所惑，不被物质所累，不在权利面前放弃自己想要的东西，为了自己的追求宁可舍弃一切，这便是一种大智慧。

如今，有些人为了自我的利益而处处破坏别人的利益。用阴谋、诡计害得他人凄凄惨惨，但最后也使自己得不到好下场。

生活中不是所有执著的东西都是美好的，不是所有的欲望都能满足，一个人要有自己的思想与智慧，要知道人生中最重要的是什么，面对所有的诱惑与利益，要知道适可而止，舍欲而得乐。

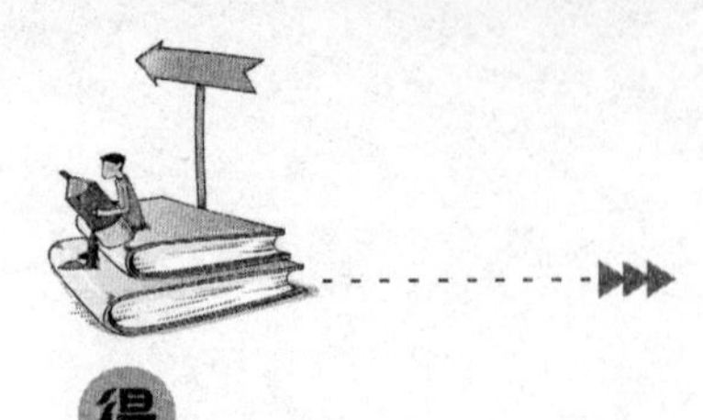

舍得是一种领悟

草木有情，何况人呢？但是面对感情却不是所有的都要守住不放，那样使我们会为情所困。爱无交易，爱应该是单纯的、简简单单的，而且要一心不二用，面对诱惑要懂得舍弃，舍而得幸福。

一个白领，他拥有着让人羡慕的工作，收入也很丰厚，老婆又十分贤惠。但是有一天他们公司搞联谊，在舞会上，他见了与他有着共同爱好又十分漂亮的女子。他凡心大动，忘记了家中的老婆，忘记了工作上的事情，上班无精打采，回家有气无力，晚上不睡觉，心里一直想着那个姑娘。

妻子看到这种种情况就带他到一家心理医院治病，经过检查心理医生知道他得了心病，于是就跟他聊天沟通，通过交谈，知道他在想什么事情了，后来他找来了那位姑娘，发现她已结婚并且有一可爱女儿，顿时好感全无，又恢复了以前的心境。

面对生活中这些常见的事情，要懂得舍弃，不要吃着碗里看着锅里的。世界之大，什么事情都有可能发生，关键是自己面对这些事情时要知道舍弃。

只有舍得才能更好地去珍惜眼前的美好，一生奔劳就是图个美满的生活，顺利的工作，不要为了单单一件事把人生中的美好全部给磨灭掉，人要懂得领悟，鱼与熊掌不可兼得，舍二取一方是真理。

现代社会很多人因为不懂舍，只想得，在事业和工作中，抱着天上掉馅饼的心态，结果却等来了无尽的痛苦与烦恼，这又何苦呢？

舍该舍之物得意外之喜

生活中有的人因为有太多的不舍而迷失了双眼，看不到应有的幸福与快乐。其实舍与不舍都是心中所想，舍平坦大道，闯危险山洞，走出山洞才发现豁然开朗，什么叫做别有洞天，什么叫做美好人生，在于舍与不舍。

一个女孩子喜欢上了一个男士，可是这个男士不认识她，为此她对佛说，能让我变成他身上的一样东西吗，长在最显眼的地方，那样他每天都会看着我，爱护我。于是，佛把他变成了这个男士手心里的一颗痣，男士每天都带着她走南闯北，可是有一天男士看到这颗痣心烦了，为此用刀挑掉这个东西，痣从男士身上脱落了，而男人脸上的泪水却流了下来。

女子问佛这是为什么？佛说你在看男人的眼睛时候却没有发现他每天眼眶中打转的泪水吗？那是一个很早就喜欢你的男士，他为你变成了男人的眼泪，每当看着你难过时就会溢出泪水，现在她为了你流了出来，生命也在阳光中蒸发了。

女孩子对男人痴迷的同时却忘了自己身边的幸福，她不舍得丢掉那份不属于自己的期待，却再也得不到自己应得的幸福与快乐了。

是啊，当被某一种事物迷惑时却忘记了看身边美好的东西，也许人生有太多的留恋，也许人生中有太多的不舍，所以人生中才有那么多的痛苦。用智慧之心舍二取一，用人生经历领悟有舍有得，舍痛得乐。

舍，并不是要放弃所有，而是冷静地看待事物，仔细观察身边的事情，该舍就舍，不要盲目追求。舍弃让你痛苦不快乐的东西；舍弃让你不安心忧愁的东西；舍弃让你背信弃义善恶不分的东西，得其纯真，得其安心，得其快乐。

人生感悟

人生路漫漫，幸福要靠自己去把握：只有学会舍得才能获得快乐。

知足的生活最快乐

知足是一种精神：不知足者贪，由贪生恶，算计一生，享得一世福，却终日不欢；知足者善，无欲无求，满足于一念之间，笑口常开，才能自得其乐。

仁者乐山，智者乐水。每个人的喜好都有所不同，在不同的喜好中做着不同的事，所以不必为别人的成功感到眼红，不必为别人的骄傲感到自卑，懂得好好爱护自己，满足人生。

人生在世，就要懂得知足，懂得去满足自己的人生。

有一次村里组织画画比赛，要求画一条很逼真的小蛇，很多画家都争相观摩，里面有一个画家画得比较不错，他在画好自己的画时，发现别人画得也别有风味，就照着把别人的优点融进到自己的画里。

他的想法非常好，把自己画得不好的地方改掉，可是当他画好后，又想出与别人不同的地方，于是就在蛇的下部添出四只脚，画是画好了，可是一交上去惹得大家哄堂大笑。蛇有脚吗？本来他的画是最好的，可是自己不满足，非要在画上再添四只脚，使得自己的画比别人的难看，当然这次参赛他落选了。

由于自己的不知足，导致适得其反。人生也是一样，不管在什么位置上，都要懂得满足，不要看着别人的工作就觉得比自己的好，而应该静下心来试想一下，如果自己真的处于那个位置，会真的干得那么开心吗？

我们应当把自己的喜欢当成一种享受，在工作中享受着那一份独有的娴静与清雅，享受着工作之后的成就感，享受着工作过程中的那一种满足，岁月如流，所以我们就要乐天知命，而不是因为不满足弄得干什么事都没有情调、提不起劲来，那样生活着就没有意义了。

把生活看淡一些，活出一种平常之心，那么人生就会很容易满足，当你满足了你的事业，满足了你的家庭，你就没有心思去和别人较真，和别人攀比了，这时你的心已被自己的这一份满足占满，满脑子都想着上班的事情，下班的甜蜜，天天乐在其中，这不是一种快乐又是什么？

生活中为了一点小事就大吵大闹，工作上因为一点失误就怕这怕那，到最后是离婚协议拿左手，离职通知拿右手，看着两手空空，何不大度一点满足生活，看到一些不顺眼的事就包容一下，看到错误就大度一点，认真改过，把自己放低一点，把别人抬高一点，也许你会拥有更多的快乐。

有一个公司经理，他对工作是兢兢业业，对家人是关怀备至，但就是有一点太过自私，看到一点不顺眼的事就会鸡蛋里挑骨头，要是有人小声抗议一下，他就会把此人严训一翻，然后再施以小惩，使得很多下属都不喜欢他，什么话都不对他说。

他回到家，虽然也帮妻子收拾点家务，但总是觉得这也不顺眼那也不顺眼，为此总是跟妻子吵架。特别是妻子外出办事回来，他总是用一种不放心的口气质问妻子。

一次公司推行民主选才意见，公司里很多员工都写了“太差”两个字。而他的妻子也因为受不了他这种疑神疑鬼的做法，提出与他离婚，他一下陷入了痛苦中，后来还是想不通自己做错了什么，对妻子关心，可是换来妻子的离婚，对工作敬业，却得到下岗待业的通知。

多么幸福美满的人生被他的自私、不够大度夺去了一切，他如果能看开一些，在工作中对别人施以恩惠，晓之以理动之以情，也许他现在

是所有人的模范，公司人人爱戴的经理了；他要是把对妻子的这种自私的关心发扬到体贴之中，给妻子以信任和包容，那么两个人肯定是恩爱一生。

对什么都太在乎，所以就会自私地什么都想占有，对所拥有的东西严加看管，容不得半点瑕疵。如果大度一点，把一切看得很平淡，为着一点赞美就感恩生活，为着一点的关怀就知足常乐，那么人生就不会出现许多不如意的事了，伴随着将是笑声与快乐。

现代社会有很多人都不满足于自己所拥有的，于是就抱怨上天对自己不公，却不知道比自己不如意的人有很多，如果自己不懂得知足，那么未来生活你又怎么去创造呢？只有先知足，认清现实才能脚踏实地地干出成就，然后获得满足与快乐。

有一个国王，总是郁郁寡欢，于是他就派一名使者四处寻找一个快乐的人。这位国王命令道："等你找到那位快乐的人，就把他带回来。"这使者找了好几年，也没找到一个快乐的人。终于有一天，这个使者走进一个最穷的国家的贫困地区时，听到一个人放声歌唱。循着歌声，他找到一位正在田间犁地的人，他问犁地人："你快乐吗？"

"我没有一天不快乐。"犁地人答道。

于是，国王的使者就把他此次使命的意图告诉了犁地人。

犁地人不禁大笑起来，说道："我曾因没有鞋子而沮丧，直到我在街上遇见一个无腿的人。"

所谓众生平等，不管干什么，做什么只要能知足常乐，看轻一切名和利，不去为一些小事情执著悲观，那么在生活中就会感到快乐。

快乐是一个人的最高境界。只要好就喊着精彩，喊出心中的兴奋；又或者是面对自己喜欢的人突然消失，或者对自己说分手，那么就不要去寻死觅活，要懂得放弃，洒脱离开；朋友不幸，也无需怨天尤人，坦然一笑；自己不美，不漂亮，也无需每天对镜照看，要活出自己的精彩，活出自己的美好。

人生感悟

做人就要懂得生活的真谛、人生的价值。学会知足常乐，正视自己的优点和缺点，生活中人无完人，不必为那些不必要的事而悲伤，与其痛苦地活着还不如笑着面对呢。

放下是一种心态

放下是一种心态。当你在人生的路口徘徊时，你知道了舍二取一，可是对着另一个出口还是念念不忘，缘于这种心态，你在这条路上会走得极为艰辛；如果你放下心来，不再去想，舍去了就要彻底放下，然后一心一意地沿着这条路勇往直前，并且大胆往前冲时，你就会懂得了什么才是自己要保护、要好好珍惜的，为这些而重新来过，努力奋斗。

很多人不得其法，总是在道路上来来回回，面对众多选择，不知道哪个好，哪个不好，如果认准一种适合自己的道路，那就果断地沿着这条路往前冲吧，向前冲时这条路上可能会布满人生坎坷，但越是这样我们就要越有决心走下去，如果学不会放下，不够专心地去看待这条路，就会让你误入歧途，成为别人的脚踏板。

慧远禅师年轻时云游之时遇到了一位极爱抽烟的行人，两个人谈得十分投机，那个抽烟人送给慧远一些烟管和烟草，慧远知道这东西不好，可心里有点喜欢，最后还舍得了，但心里总是放不下，这使得他经常会被一些东西所迷惑，而且迷途不知归返。

慧远禅师这种行为导致他看见什么都喜爱，一喜爱也就再没有心思去考虑禅道了，后来大师见到他时说："做人啊，不能三心二意，要拿

得起放得下，心若跑了，什么事都做不得的。”慧远听到了大师的教诲，心里很是感激，就放下了一切与禅无关的东西，终于成了禅宗高僧。

当我们站在选择的岔路口时，如果选择了一个方向，就要全心全意地朝着选择的方向前进，如果发现了自己的所作所为偏离了目标，要及时返回，如果你放不下取得了一点成绩的东西，而一心二用时，那么你将什么都得不到，最后终将一无所获。

在每一条道路上，只有学会放下，学会专一，才能有更多的精力和时间去为这件事参考，去研究，才能获得更多的事业成就、人生最高境界的理解和感悟。

放下是一种大智慧，只有学会放下了，你才知道自己做的东西是如此少。

有一次，慧云早上打水的时候，忘记了去拿那个新桶，当他来到小河旁边的时候才发现自己的大桶是破的，上面有一个小洞，要是这样担一桶水，就会滴掉一半，他不知道该怎么是好，于是坐在河边发愁。

仪山禅师看到慧云还没有回来，就顺着小路去找他，发现他坐在河边什么都没有干，又看了看河边的旧木桶，他全明白了，走到慧云旁边说：“你这样坐到明天也解决不了问题啊，由于你不懂得放下，何不拿着木桶担水回去呢？虽然只有半桶了，你却可以帮助那些枯萎的小花得到新生啊，你这样什么都不干，不但浪费了时间，水也没打到，如果放下，学会珍惜，那么你做的事价值也是无限的大。”

慧云听后若有所悟，于是将自己的法名改为“滴水”，这就是后来非常受人尊重的“滴水和尚”。

滴水和尚后来弘法传道，有人问他：“请问世间上什么功德最大？”

“滴水！”滴水和尚回答。

这个人又接着问：“虚空包容万物，什么可包容虚空呢？”

“滴水！”

滴水和尚从此把心和滴水融在一起。在他眼里，一滴水中也有无尽的时空。

当我们放下所有，选择一件事情或东西时，就会知道它对我们是多么珍贵，当我们对它有了一定的认识时，我们就会发自内心地感到满足，感到兴奋，不是所有的成功都来得很容易，每一件成功都是通过自己的努力一点一滴获得的。

放下是一种解脱，当你为一件事而痛苦时，不妨把它放下，放下了才能释然。放下痛苦就能获得快乐。

小解的母亲去世了，她心情十分不好，连课都不想上了。周围的亲朋好友劝说她也不听，有一位聪明的同学看到这些，想到了一个办法。他拿起手中的杯子，问所有的人："你们认为这杯子的水有多重?"同学们有的说20克，有的说50克，他却说："这杯水的重量并不重要，重要的是你能拿多久?"看到大家都没有答案，他又说："拿一分钟或许大家都不会有什么问题，但是拿一个小时呢？拿一天呢？于是他走到小解同学面前说："小解，我们理解你的感受，但你要知道人死不能复生，如果一直这样下去，你的母亲也不会心安啊，人要放会放下，然后慢慢地习惯，既然事实不能改变了，我们何不去改变自己呢，或许这样会更好一些。"小解听到这些后，恍然大悟，慢慢地她的情绪好了，上课也有精神了。

是啊，一杯水的重量虽然一样，但是相对于拿起的时间，它就有着不同的重量了，同样的道理，人在各种精神压力下不懂得放下，也不愿意放下，每天把神经绷得紧紧的，每天回家都觉得累，生活事业必将一塌糊涂。

人生感悟

人生就好比古时的一种修行，如果不能放下心中的执著与欲望，那么永远也得不到自己想要的那种满足与开心，放下不等于放下心中的梦想、心中的追求和你的付出，如果我们以一种平常心对待生活中的很多事情，不论输赢，不论成败，把那些困难和不愉快当成一种磨炼，就会从中悟得人生，懂得满足。

要有宽广的胸怀

宽广的胸襟是一种修养、一种精神境界。有人道，“不以物喜，不以己悲”，笑看人生，包容万事，那么你就不会有怨、有仇。要拿乐观去感染别人，那么你就会拥有感动、幸福和快乐。

人无完人，事无完美，所以得失常有，开心却不常有。世上有些事情不是都要你去关心的，因为每一件事不管是开花还是结果都有它自身的道理，所以不能因为这些得失而影响自己的心情。

有一位特别喜爱养兰花的老人，在他的主卧室里放了一盆养了几十年的兰花，有一天他要外出一段时间，但是自己这些花不知道交给谁照顾，经过再三考虑，他就叫来邻居帮他照顾这盆兰花。

邻居很细心地照顾，知道他最喜欢这盆兰花了，所以一刻也不得闲，恐怕照顾不好这盆兰花，结果还是由于他不会养花，这盆兰花没几天就被浇死了，他感到十分难过和愧疚，打算等老人回来给他赔罪。

老人回到家里听到他的诉说后，并没有生气，只是笑着说："我种兰花，是希望能够陶冶情操，美化一下家里，并不是为了与好邻居怄气的，让我变得不开心。"

做什么事都不一定全会得到让人满意的结果，只要自己努力了，就不必再去为这些不好的事情影响自己的心情，不然还不如不做呢，既然自己做坏了，又何必再去为这些事情而生气呢，这不仅会影响心情，还会使自己永远不开心。

放下心来，用自己的大度去包容一切，或许还有惊喜等着你，前方的路其实不远，只看你是不是能够心胸开阔，容纳所有的事件了！

再开心的人也有难过之事，他之所以常开心是因为他不会为那份难过而烦忧，更不会停留在过去醒不来，他在难过之中却想着更美好的事，忘记那些不愉快的事，快走跟上前方的美丽，看得远了、久了，他就会一直开心下去。

有一个很有名望的画家，有一天他去树林里散步，在山道旁突然听到小孩子的啼哭声，就匆忙走了过去，看到一个二三岁、长相灵秀的小孩，以为是走丢的小孩子，就带着他回家找妈妈。

可是他找了很久也没人认这个孩子，不得已他只好抱回家自己养着，后来起个名字叫“拾得”，拾得在他家住下了，并且开心地长成了一个大人，有一天他的一个朋友来到他家里说：“如果世间有人无端地诽谤我、欺负我、耻笑我、轻视我、鄙贱我、恶厌我、欺骗我，我要怎么做才好呢?”

拾得就回答道：“你不妨忍着他、谦让他、避开他、尊敬他、不要理会他。再过几年，你再看他。”

而且拾得还说：“只有忘记过去的难过，不为过去的事情计较，就像我一样，如果一直想着自己的亲生父母不要自己，那么我这一生也不会开心，我又怎能看到画家爹爹对我的养育之恩与亲情呢?”

是啊，世界有太多的无奈，迫使我们不得不面对，如果我们一直都在抱怨上天对我们的不公，那么我们又何时能回过头来去过自己想过的一生呢？做人就要学会自己影响自己，没有任何人可以给你快乐，只有自己用自己的心情升华自己。

不被无聊的事而纠缠，不被外表的苦而难过，回忆曾经的不如意，那都已成为过去。人要学会满足，学会感恩，跟着快乐和美好走，不管走到哪里都会有开心。

不要去理会黑暗里的无助，如果感到难过了就把自己的心灵打开一扇窗，让光明透进来，为自己点一盏灯，使自己永远保持乐观的心情，那么就永远不会有什么烦恼，也不会有什么难过。要记得烦恼不是别人给你的，都是自己感觉的，只因为自己忘记了打开一扇窗，没有给自己一个乐观的心。

有一座很长时间没有人住的阁楼，由于整天被密封着，年久失修，所以厚厚的布满灰尘的窗户就遮住了阳光，屋子看起来十分阴暗与恐怖。

一天，来了两位年轻人，他们看到这个黑暗的屋子，又看看外面的美好阳光，就想把外面的阳光照进一点点，于是他们就在屋外不停地打扫，可是当他们准备把地上的阳光搬到阁楼里的时候，阳光就又没有了。

他们感到很困惑，为什么自己做的努力都没有成功呢？就在他们两个人失望的时候，又有一个年轻人过来了，看到两个人的举动，大声笑了起来。

他没有说些什么，只是来到满是灰尘的窗台前，轻轻打开了一扇窗，阳光顺着这个地方透了进来，一下子，整个屋子就亮堂了起来。

是啊，当我们在为着自己的烦恼忧郁时，为什么没有想到给自己打开一扇窗呢？其实每个人都懂得这个道理，但是当他被这些黑暗影响了心情的时候，他们就不会去考虑这些很简单的解决之法了。

为别人也为自己留下一片光明，给自己打开一扇心灵之窗，用自己的乐观去感染别人，也给自己增添美丽，只要自己懂得烦恼皆因自己起，那么你就会感到人生中的美好。

当我们自己拥有了快乐心情时，也会有着一颗爱心；当我们拿出自己的大度，把一切丑与美、善与恶包容起来，那么世界上一切都会变得美好。

人生感悟

俗话说："宰相肚里能撑船，将军额头能跑马。"做人要有宽阔的胸怀。为理想而奋斗的过程中需要这份宽广的胸襟。学习、生活工作中需要这份气度；同事、朋友、夫妻之间需要这种宽容，而我们的社会使命也要求你有像蓝天一样宽广的胸襟。

舍之有道，取之有度

取舍是一把尺子。人为名和利而奋斗不是过错，但是有奋斗的地方就一定会有争斗，在争斗的过程中却因为自己不能够该舍就舍，该放就放，使得贪婪为大，弄的最后惨不忍睹，其实还是因为自己没有把尺子放正、放平。

没有人不爱财，金钱是个好东西，有了好的物质条件，才能够去实现更伟大的梦想，但是我们不能因为金钱而侮了自己的尊严，毁了自己的人生。为人做事要光明磊落，务实求新，不管是在怎样的诱惑之下，都要正确对待，舍之有道，取之无悔。

有一个农村来的大学生小刘，他诚恳善良，刚到一个单位就得到老板的好评，很是看重他，并且在多次会议中表扬他，他的这些事情却影响了和他职位一样高的却一直成绩平平的老同志大生。

大生虽然成绩一般，但工作中有时表现得很优秀，平时他对小刘也十分热情，这使得全公司的人认为大生不一般，面对这么一个竞争力极强的对手还能像兄弟一样亲热，小刘见到、听到这些也很是感动，他觉得大生人不错，于是在工作中很多事情都跟他一起干，慢慢地把大生带动起来了，教大生很多他以前不知道的东西。

老板看着这两个人能够团结进取，取长补短很是欣慰，感觉自己慧眼独具，挑的全是人才，可惜大生却是别有图谋，他可不想这样一颗定时炸弹在自己身边突然爆炸，就变着法给小刘设圈套。

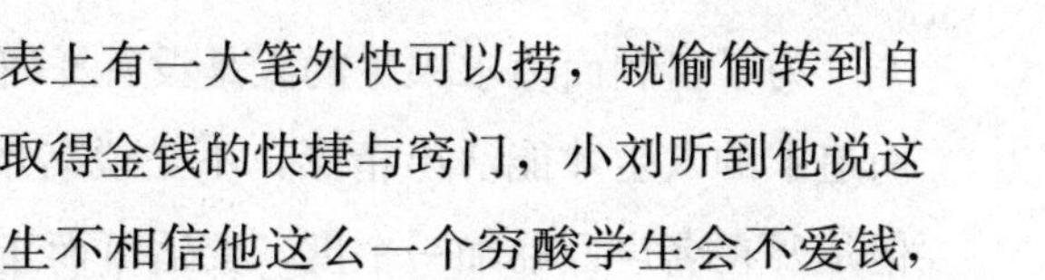

有一次他看到自己的财务表上有一大笔外快可以捞，就偷偷转到自己的私人账户里，还给小刘说取得金钱的快捷与窍门，小刘听到他说这些话狠狠地批评了他一顿，大生不相信他这么一个穷酸学生会不爱钱，

就想方设法地拉他下水，后来小刘也确实碰到一个很大的买卖，只要能够稍微地透露公司的秘密，他就能得到一笔可观的收入。

小刘却没有被这些表面所迷惑，他毅然地将这些事情上报给了领导，最后查出大生的很多私人入账情况，而且还有秘密与竞争对手洽谈沟通等证据。小刘也从副手升到了正位，并且更加的努力为公司效力。

面对金钱时所有的人都会心动，自己劳苦一生就不是为了生活，为了能够以后获得更多的物质保障吗？但是挣钱不能贪，面对所有的诱惑要舍之有道，舍那些该舍之财，不要抱着任何的幻想希望天上掉下馅饼。

对金钱知道取之有道，对名利也要取之有度。不管什么时候都要懂得珍惜人生，无需为了名声改变自己。

古时候有个很有才气的年轻诗人，刚开始他做诗全是为了自己的爱好，后来得到很多人的赞美，他也开始变得骄傲起来，每一次都会在人多的时候露一露脸，获得别人的好评才会满意，这样的日子使得他养成了争强好胜但又不思进取之心。

有一天从南方过来一位才子到他邻居家串亲，当这位年轻诗人听说这位才子很得当地人的支持，就到这位才子家非要与他一较高低，那位才子不愿与他比拼，可是这位骄傲诗人就是不听，说不比就是认输，那位才子坦然一笑，说输了就输了吧，我做诗只是为了开阔自己的视野，陶冶情操而已，根本没有想过跟你比个输赢。

骄傲的年轻诗人听了非常惭愧，他知道自己已经输了，后来就跟着这位才子开始勤学苦练，后来终于成为一代名作家，这也使他懂得了，有追求固然是好的，但是如果把这种追求放在别人的追捧中，就成了笑话。

为了名利而追求人生的人是没有任何价值的，为了自己想要的梦想而追求的人生才能活出精彩，不是说名声不好，也没有说人不爱名声，但是要在名声面前加一个度，要适可而止，想到自己到底是为了获取一个好的名声，还是想完成自己的心愿。

有一对夫妇想买房子，经过打听他们来到了售楼处看房，看见一套三室两厅的房子，没有考虑就订了下来，但是来到这里的时候才发现，其中一间在客厅和餐厅后面，阳台旁边留了一个小小的房间，他们没有后悔自己当时的决定，只是对着房子做了稍微的改变。

他们舍弃了自己的一个小房间保留了两个房间，使得房间让客人休息时舒服，也让孩子有个快乐的家，在装修上他们又想自己的房间显得淡雅可人一点，冬天能有鲜红的外套给房间增添一丝暖意，他们没有过分的铺张浪费，只是简单的挑了一些灯带，和一套布艺沙发。

他们的这些挑选独特而且典雅，不禁没有过度铺张，而且衬托出了一种说不出的舒服感，他们很闲散却又十分整洁，一家人回到家中都能洗尽一身的疲惫，快乐的过着这种热爱生活的日子。

这并不是说这对夫妇有着很好的家具设计头脑，而是他们懂得生活，懂得舍得与放下的尺度，因为他们热爱生活，所以就很珍惜生活中的点点滴滴，不是说把屋里填满才算是最美的，空出一点也能给自己一份心静，给家一个幻想。

舍掉一间房子，却能让人住得更为舒服，住得更为亲热，这不单单是一种舍得，也是一种境界，一种乐观向上，热爱生活的境界，一种无欲无求，知足常乐的境界。放下了一种姿态，放下了一种另类的生活，过着简单的生活，简单却不失质朴温暖，生活的快乐本质就在于此。

人生感悟

舍有舍之道，取有取之度，不是说舍完取全，不是说不舍不得，只有放下心来，为着生活而舍，本着善而得，不贪别人之财，不图别人之名，脚踏实地做事，放下过重的负担，放下那些无谓的小打小闹，放下那些不值当的争执，得一份平静，得一份坦然，得一份快乐。

人生的幸福便是放下

“放下”其实也是一句禅语。禅语中说：“放下你的外六尘、内六根、中六识，一直舍去，舍至无可舍去，是汝放生命处。”可是又有多少人能够明白这其中的境界呢？人们总是因为生活中的小事情而感到烦躁不安，总是为很多事情斤斤计较，这样永远不会对生活感到满足，又何来放下？

在物欲横流的今天，很多事情打破了人们之间平衡的宁静。使人们躁动不安，努力地寻找提升自身升职的机会。不择手段地往上爬，没有台阶就踩着别人的肩膀继续向上，人们变得几乎疯狂。谎言被人所崇拜，实话被人所遗忘。生活中便充满了这些难以化解的矛盾和纷乱，而人的心灵也越发的脆弱和疲惫起来。

有一天，无德禅师正在院子里锄草，迎面走过来三位信徒向他施礼，说道：“人们都说佛教能够解除人生的痛苦，但我们信佛多年，却并不觉得快乐，这是怎么回事呢？”

无德禅师放下锄头，安详地看着他们说：“想快乐并不难，首先要弄明白人为什么活着。”

三位信徒你看看我，我看看你，都没料到无德禅师会向他们提出这个问题。

过了片刻，甲说：“人总不能死吧！死亡太可怕了，所以人要活着。”乙说：“我现在拼命地劳动，就是为了老的时候能够享受到粮食满仓、子孙满堂的生活。”

丙说：“我可没你那么高的奢望。我必须活着，否则一家老小靠谁养活呢？”

无德禅师笑着说：“怪不得你们得不到快乐，你们想到的只是死亡、年老、被迫劳动。不是理想、信念和责任。没有理想、信念和责任的生活当然很痛苦、很累了。”

信徒们不以为然地说：“理想、信念和责任，说着倒是很容易，但总不能当饭吃吧！”无德禅师说：“那你们说拥有什么才能快乐呢？”

甲说：“有了名誉，就有一切，就能快乐。”

乙说：“有了爱情，才能快乐。”

丙说：“有了金钱，就能快乐。”

无德禅师说：“那我提个问题，为什么有的人有了名誉却很烦恼，有了爱情却很痛苦，有了金钱却很忧虑呢？”信徒们无言以对。

无德禅师说：“理想、信念和责任并不是空洞的，而是体现在人们每时每刻的生活中。必须改变生活的观念、态度，生活本身才能有所变化。名誉要服务于大众，才有快乐；爱情要奉献于他人，才有意义；金钱要布施于穷人（需要得到帮助的人），才有价值。这种生活才是真正快乐的生活。”

自古以来，“放下”就是一个人们不断探索的哲理问题。一个永远不想放下的人，是一个沉重的人，人生也不能承受生命之重。一个永远不能放下的人，人生就难有新的收获和新的体验。

“放下就能快乐”是一颗开心果，是一粒解烦丹。只要你心无挂碍，什么都看得开、放得下，何愁没有快乐的春莺啼鸣？何愁没有快乐的泉溪歌唱？何愁没有快乐的鲜花绽放？

有一个富翁背着许多金银财宝去寻找快乐，可是，走过千山万水也未找到，于是他沮丧地坐在山道旁。这时，一位农夫背着一大捆柴草从山上下来。富翁说：“我是个令人羡慕的富翁，为何没有快乐呢？”农夫放下沉甸甸的柴草，舒心地擦着汗水说：“快乐也很简单，放下就是快乐呀！”富翁恍然大悟：是啊，自己背着沉重的珠宝，既怕人偷又怕人抢，还怕被人谋财害命，整天提心吊胆，快乐从何而来？于是，富翁放下财宝，用它接济当地的穷人。从此，富翁不再担惊受怕，忧心忡忡，反而因为帮助了穷人，得到了穷人的感激和爱戴而快乐起来。

放下压力，活得轻松；放下烦恼，活得幸福；放下自卑，活得自信；放下懒惰，活得充实；放下消极，活得成功；放下抱怨，活得舒坦；放下犹豫，活得潇洒；放下狭隘，活得自在……

其实，人生想要生活得幸福，不一定有辉煌，不一定有地位，只要有“放下”的智慧，让心灵释然，就会感到幸福。放下曾经的辉煌，放下昔日的苦难，放下对旧日恋情的回忆，卸下身上所有束缚我们前行的包袱，人生最大的幸福就是放下。

“放下就是快乐”，这是一剂灵丹妙药。放下即快乐，对每个人都适用。生活富裕了，但压力越来越大；收入增加了，快乐却越来越少。其实，累与不累只是一种感觉。压力的大小，主要取决于自己的心态。快乐与不快乐，就看你是否学会了放下。放下是一种生活的智慧；放下是一门心灵的学问。学会放下，让心灵释然。

只要你心无牵挂，很多事情都看得开、放得下；只要你懂得珍惜现在，多些成熟，少些烦恼，多点深思熟虑，少点后悔遗憾；只要你在人生的追求中能多一份淡泊，少一份名利，多一份真情，少一份世俗；只要你抛弃一些尘世的烦忧，留一份宽阔的空间给心灵安个家，放下你该放手的东西，你便会拥有快乐的人生！

贪心不足者自毁

水往低处流，人往高处走，有追求才有人生，可是漫漫追求路上却有着太多的艰辛与苦难。有些人在这些困难与挫折面前失掉了勇气，为了达到目的，他们变得贪婪与不满，用阴谋去算计别人，他们舍不得那些名利的诱惑，放不下那些财富的追求，以至于害了别人也害了自己。

甲乙两年轻人听说东海的一个小岛上有一种树，这种树不高大，但树上能结出自己想要的东西，为着这个愿望，他们两个人开始坐船向那个神往的地方出发，遇到大风大浪就相互团结，乘风破浪，在大海中来回穿梭，没有食物了就去吃生鱼，没有水了就喝咸海水，凭着这种毅力终于找到了传说中的那座小岛。

两个人来到岛上开始去寻找那棵神奇的小树，甲突然发现，所有的树都十分高大，而只有自己面前的这棵树很小，自己双手都可摘得树叶，看着如此特殊的小树，他就思考是不是这棵小树呢，于是就默默地许了自己的心愿，没想到一会树上真结出了一碗米饭和几盘素菜，他十分高兴，坐在那儿吃了起来，饭饱之后，他就许愿要了能够治好妻子病的金钱，把这些钱装到了口袋里准备离去，想起了自己还有一个同伴乙，就去寻找他。

当他带着自己的同伴乙来到这棵小树下面时，乙的两眼直放光芒，只见他不停地许愿，大把大把的金钱从树上落下来，他还是觉得不够，又怕甲跟自己抢，就打发他先走了，甲走之后很是担心他，半路又折了回来，结果发现乙由于没吃饭，饿死在了钱堆里了。

甲很聪明，懂得取舍有度，他没有像自己的伙伴乙那样拼了命往怀里装钱，他只想要自己能为妻子看病的钱，多了他也不再稀罕，面对山一般的金钱不为所动。乙却有着贪心不足蛇吞象的心理，他看着那么多的金钱，一样都不愿意舍去，甚至于忘记了吃饭，最终死在了金山银堆里。

面对金钱要懂得适可而止，不能过度，如果我们被财富名利诱惑，还不悔悟，那么必定会得不偿失。

只不过是从头再来

在人的一生中，每个人都不能保证一切顺利，面对失业，很多人往往痛苦不堪，为失去工作而烦恼。其实，失业不一定是坏事，只要树立信心，肯定会有“柳暗花明又一村”的景象。

达尼是一个很有事业心的人，他在一家业务公司跟着老板一干就是5年，从一个刚毕业的大学生一直做到了分公司的总经理职位。在这5年里，公司逐渐成为同行业中的佼佼者，达尼也为公司付出了许多，他很希望通过自己的努力将企业带入一个更加成功的境地。然而就在他兢兢业业拼命工作的时候，达尼发现老板变了，变得不思进取、“牛”气十足，对自己渐渐地不信任，许多做法都让人难以理解。而达尼自己也找不到昔日干事业的感觉。

同样，老板也看达尼不顺眼，说达尼的举动使公司的工作进展不顺利，有点碍手碍脚。不久，老板把达尼解雇了。

从公司出来后，达尼并没有气馁，他对自己的工作能力还是很自信的。不久，达尼发现有一家大型企业正在招聘一名业务经理，于是将自己的简历寄给了这家企业，没过几天他就接到面试通知，然后便是和老总面谈，最终顺利得到这份工作。工作大约一个月时间，达尼觉得该公司总经理是一个很有气魄和工作能力的人。同时，他也感到总经理同样十分赏识他的才华与能力。在工作之余，总经理经常约他一起去游泳、打保龄球或者参加一些商务酒会。

在工作中，达尼发现公司的企业图标设计相当繁琐，虽然有美感，却缺乏应有的视觉冲击力，便大胆地向总经理提出更换图标的建议。没想到总经理也早有此意，他把这件事安排给达尼去完成。为了把这项工作做好，达尼亲自求助于图标设计方面的专业人士，从他们设计的作品中选出了比较满意的一件。当他把设计方案交给总经理的时候，总经理大加赞赏，立马升达尼为公司副总，薪水增加一倍。

被解雇并不是一件坏事，达尼面对无情的解雇，凭借着才能找到了更适合自己的工作，而且得到了一位真正“伯乐”的赏识。

其实路就在脚下，被解雇了，我们不必去计较，走过去，前面也许有更光明的一片天空在等着我们。

作为一个现代人，应具有迎接挑战的心理准备。世界充满了机遇，也充满了风险。要不断提高自我应付挫折的能力，调整自己，增强社会适应力，坚信挫折中蕴含着机遇，只不过是从头再来。

也许在人生交汇点的你正在为自己的失落而烦恼不堪。其实这于事无补，相信上天在关上一扇门的同时会打开另一扇窗户，机遇的诞生可能就在这一切发生之时。

第四章

在放弃后赢得人生

放弃也是一种选择，更是一种睿智，明智的放弃胜过盲目的执着，它可以驱散你心中的乌云，让你聪明豁达。当你能睿智而坦然地选择放弃的时候，你的生命就得到了升华，你的人生也就得到了进一步的跨越。

放弃之后赢得的荣誉

放弃，对心境是一种宽松，对心灵是一种滋润，它驱散了乌云，它清扫了心房。有了它，人生才能有爽朗坦然的心境；有了它，生活才会阳光灿烂。

1998 年的诺贝尔奖得主崔琦，在有些人眼里简直是“怪人”：远离政治，从不抛头露面，整日浸泡在书本中和实验室内，甚至在诺贝尔奖桂冠加顶的当天，他还如常地到实验室工作。更令人难以置信的是，在美国高科技研究的前沿领域，崔琦居然是一个地地道道的“电脑盲”。他研究中的仪器设计、图表制作，全靠他一笔一画完成。而一旦要发电子邮件，也都请秘书代劳。他的理论是：这世界变化太快了，我没有时间去追赶！

崔琦放弃了世人眼里炫目的东西，为自己赢得了大量宝贵的时间，也赢得了至高无上的荣誉。

人的一生，有限的精力不可能方方面面都顾及，而世界上又有那么多炫目的精彩，这时候，放弃就成了一种大智慧。放弃其实是为了得到，只要能得到你想得到的，放弃一些对你而言并不必需的“精彩”，又有什么不可以呢？

有时候死死抓住自己想要的东西不放，只会给自己带来压力、痛苦、焦虑和不安。往往什么都不愿放弃的人，结果却什么也得不到。

放弃是一种睿智。尽管你精力过人、志向远大，但时间不容许你在一定时间内同时完成许多事情，正所谓：“心有余而力不足。”所以，在众多的目标中，我们必须依据现实，有所放弃，有所选择。

如果在放弃之后，烦乱的思绪梳理得分明起来，模糊的目标变得清

晰起来，摇摆的心变得坚定起来，那么放弃又有什么不好呢？

人生总要面临许多选择，也要作出一些放弃。要学会选择，首先要学会放弃。放弃是为了更好地调整自我，集中精力于自己能做成的事。

现代社会中，竞争日趋激烈，每个人的生存压力也越来越大。所以一定要保持一个清醒的头脑，做好人生的取舍。要知道，放弃之后或许得到的更多。

丢掉多余的东西

铁匠打了两把宝剑。刚刚出炉时它们一模一样，又笨又钝。铁匠想把它们磨快一些。其中一把宝剑想，这些钢铁都来之不易，还是不磨为妙。它把这一想法告诉了铁匠。铁匠答应了它。铁匠去磨另一把剑，这把没有拒绝。

经过长时间的磨砺，一把寒光闪闪的宝剑磨成了。铁匠把那两把剑挂在店铺里。

不一会儿就有顾客上门，他一眼就看上了磨好的那一把，因为它锋利、轻巧、耐用。

而钝的那一把，虽然钢铁多一些、重量大一些，但是无法把它当宝剑用，它充其量只是一块剑形的铁而已。

同样出自一个铁匠之手，同样的工夫打造，两把宝剑的命运却有着天壤之别！锋利的那把又薄又轻，而另一把则又厚又重；前者是削铁如泥的利器，后者则只是一个中看不中用的摆设而已。

人生的道理，也与此类似。人生的目的不是面面俱到，不是多多益善，而是把已经掌握的东西得心应手地去运用，它跟宝剑一样，剑刃越薄越好，重量越轻越好。

多余的东西，都像剑刃上多余的钢铁，应该毫不吝惜地磨掉！

有只狐狸被猎人用套夹夹住了一只爪子，它毫不迟疑地咬断了那只小腿，然后逃命。放弃一只腿而保全一条性命，这是狐狸的哲学。人生亦应如此，在生活强迫我们必须付出惨痛的代价之前，主动放弃局部利益而保全整体利益是最明智的选择。智者曰："两弊相衡取其轻，两利相权取其重。"趋利避害，这也正是放弃的实质。

生活中，常有不好的境遇不期而至，搞得我们猝不及防，这时我们更要学会放弃。放弃焦躁性急的心理，安然地等待生活的转机，让自己对生活、对人生有一种超然的态度，即使我们达不到这种境界，我们也要学会在放弃中活得洒脱一些。

在人生的旅途中，需要我们丢掉的东西很多，如果不是我们应该拥有的，就要学会放弃。只有学会放弃，才会活得更加充实、坦然和轻松。

下山的也是英雄

人们习惯于对爬上高山之巅的人顶礼膜拜，实际上，能够及时主动从光环中隐退的下山者也是"英雄"。

有多少人把"隐退"当成"失败"。许多事例显示，对于那些惯于

享受欢呼与掌声的人而言，一旦从高空中掉落下来，就像是艺人失掉了舞台，将军失掉了战场，信徒失去了信仰，往往因为一时难以适应，而陷于困惑的谷底。

心理专家分析，一个人若是能在适当的时间选择做短暂的隐退（不论是自愿还是被迫），那会是一个很好的转机，因为它能让你留出时间观察和思考，使你在独处的时候找到自己内在的世界。

唯有离开自己当主角的舞台，才能防止自我膨胀。虽然，失去掌声令人惋惜，但往好的一面看，心理专家认为，“隐退”就是进行深层学习，一方面挖掘自己的阴影，一方面重新上发条，平衡日后的生活。当你志得意满的时候，是很难想象没有掌声的日子的。但如果你要一辈子获得持久的掌声，就要懂得享受“隐退”。

作家班塞尔·欧文说过一段令人印象深刻的话：“在其位的时候，总觉得什么都不能舍，一旦真的舍了之后，又发现好像什么都可以舍。”曾经做过杂志主编，翻译出版过许多知名畅销书的班塞尔·欧文，在事业最巅峰的时候退下来，选择当个自由人，重新思考人生的出路。

40 岁那年，欧文从人事经理被提升为总经理。五年后，他自动“开除”自己，舍弃堂堂“总经理”的头衔，改任没有实权的顾问。

正值人生最巅峰的阶段，欧文却奋勇地从急流中跳出，他的说法是：“我不是退休，而是转进。”

“总经理”三个字对多数人而言，代表着财富、地位，是事业身份的象征。然而，短短三年的总经理生涯，令欧文感触颇深的，却是诸多的“无可奈何”与“不得而为”。

他全面地打量自己，他的工作确实让他过得很光鲜，周围想巴结自己的人更是不在少数，然而，除了让他每天疲于奔命，穷于应付之外，他其实活得并不开心。这个想法促使他决定辞职，“人要回到原点，才能更轻松自在。”他说。

辞职以后，司机、车子一并还给公司，应酬也减到最低。不当总经理的欧文，感觉时间突然多了起来，他把大半的精力拿来写作，抒发自己在广告领域多年的观察与心得。

“我很想试试看，人生是不是还有别的路可走。”他笃定地说。

事实上，欧文在写作上很有天分，而且多年的职场经历给他积累了大量的素材。现在欧文已经是某知名杂志的专栏作家，期间还完成了两本管理学著作，欧文迎来了他的第二个人生辉煌。

“隐退”很可能只是转移阵地，或者是为了下一场战役储备新的能量。但是，很多人认不清这点，反而一直想着过去的荣耀，他们始终难以忘记“我曾经如何如何”，不甘于从此做个默默无闻的人。走下山来，你同样可以创造辉煌，同样是个大英雄！

改变的结尾

艾奇逊和妻子结婚已经二十多年了，生活很幸福。他们都学会了在生活中彼此做一些必要的让步，并且两人的性格都很温和。从事写作的艾奇逊一直保持着有限的知名度，但对他来说，这已经足够了。

对艾奇逊来说，回家的第一件事是拥抱一下妻子，亲亲她的前额。艾奇逊太太负责在打字机上打印丈夫定期在《纽约晚报》上发表的短篇小说，然后把稿子誊清，封装好，寄出去。这份微小的工作足以使她满足于自己是丈夫的一个好助手。

可是，艾奇逊太太万万没有想到，一个刚刚离婚的女人最近竟然把艾奇逊弄得神魂颠倒。她人长得漂亮，把艾奇逊降服了。有一天，就像

跟他要一件新奇首饰一样，她要求跟他结婚。

艾奇逊必须先离婚。“唔，这件事应该容易办到。结婚已经整整23年，大概妻子不再爱我了，分开可能不会痛苦。”想法不错，可是该怎样摊牌呢？

艾奇逊想出了一个新鲜法子。他编了一个故事，把自己与太太的现实处境转托成两个虚拟人物的历史。为了能让妻子领悟，他还故意引用了他们夫妇间以往生活中若干特有的细节。在故事结尾，他让那对夫妻离了婚，并特意说明，由于妻子对丈夫已经没有了爱情，所以一滴眼泪也没有流地走开了，以后隐居在南方的森林小屋，有足够的收入，怡然自得地消磨幸福的时光……

他把这份手稿交给妻子打印时，心里不免有些不安。晚上回到家里时，心里嘀咕妻子会怎样接待他。“亲爱的，我希望我不在家时你没有过于烦闷，是吧？”话里带着几分犹豫。

妻子却像平常一样安详：“没有。家里有这么多事情要做呐。但看到你回来，我还是很高兴的……”除此之外她没有任何异常的反应。

“她为什么不吭声？她的沉默不可理解！显然，她是个性格内向的人，可是她该看得懂的……”

故事在报上发表后，艾奇逊才算打开了闷葫芦。原来，妻子把故事的结尾改了：既然丈夫提出了这个要求，夫妻俩于是就离了婚。可是，那位结婚23年依然保持对丈夫执著的爱的妻子，却在前往南方森林小屋的途中抑郁而死。

这就是回答！

艾奇逊震惊了，忏悔了。当天就和那个女人一刀两断了。但是，如同妻子不向他说明曾经同他进行过一次未经商议的合作一样，他永远没有向她承认自己看过她的新结论。

在事业上要有一个清醒的头脑，在生活上要有一个清醒的头脑，在

情感上也需要一个清醒的头脑。要知道什么是该舍去的，什么是该保留的。舍去不该舍去的，到时悔之晚矣。

舍小利，成大德

唐代宰相张公艺的家族一向以九代同居、和睦相处著称于世，为世人所羡慕。一天，唐高宗亲自到他家，向他询问维持这么一个大家庭的和睦的道理，张公艺没说话，只是让家仆取来一纸一笔，一口气写下了一百多个“忍”字。高宗看后不禁连连点头，赏赐了他许多绸缎与玉帛。

俗语讲得好：“小不忍则乱大谋。”有时舍小利亦可成大德。

清朝乾隆年间，郑板桥在外地做官。忽然有一天，收到在老家务农的弟弟郑墨的一封来信。老弟兄俩经常通信，这一次却非同寻常。原来弟弟想让哥哥出面，到当地县令那里说说情。这一下子弄得郑板桥很不自在。这郑墨粗识文墨，原也不是个好惹是生非之徒，只是这次明显受人欺侮，心里的怨恨实在咽不下去。原来，郑家与邻居的房屋共用一墙。郑家想翻修老屋，邻居出来干预，说那堵墙是他们祖上传下来的，不是郑家的，郑家无权拆掉。其实，这契约上写得明明白白，那堵墙是郑家的，邻居借光盖了房子。这官司打到县里，审无结果，双方都难免求人说情。郑墨自然想到了做官的哥哥，想来有契约在，再加上哥哥出面说情，官官相护嘛，这官司就必赢无疑了。郑板桥考虑再三，给弟弟写了一封旨在息事宁人的信，同时寄去了一个条幅，上写“吃亏是福”四个大字。同时又给弟弟另附了一首打油诗：

千里告状只为墙，
让他一墙又何妨；
万里长城今犹在，
不见当年秦始皇。

郑墨接到信，当即撤了诉状，向邻居表示不再相争。那邻居也被郑氏兄弟的一片至诚所感动，也表示不愿继续闹下去。于是两家重归于好，仍然共用一墙。这在当地一时传为佳话。

生活之中，最难吃亏的是财，最难忍受的是气，往往被气所激，被财所迷，导致局面不可收拾。两相争必相伤，两相和必各保，实在不值得争赢斗狠，埋下深仇大恨的种子。

使自己变得更强

一位搏击高手参加搏击大赛，自以为稳操胜券，一定可以夺得冠军。

然而事与愿违，在最后的决赛中，他遇到一个实力强劲的对手，双方竭尽全力出招攻击。两人打到中途，搏击高手意识到，自己竟然找不到对方招式中的破绽，而对方的攻击却往往能够突破自己防守中的漏洞，有选择地打中自己。

比赛的结果可想而知，这个搏击高手惨败在对方手下，与冠军奖杯擦肩而过。

他愤愤不平地找到自己的师父，一招一式地将对方和他搏击的过程再次演练给师父看，并请求师父帮助他找出对方招式中的破绽。他决心根据这些破绽，研究出足以克敌制胜的新招，好在下次比赛时，打倒对方，夺取冠军奖杯。

师父笑而不语，在地上画了一道线，要他在不能擦掉这道线的情况下，设法让这条线变短。

搏击高手百思不得其解，怎么会有像师父所说的办法，能使地上的线变短呢？最后；他无可奈何地放弃了思考，转向师父请教。

师父在原先那道线的旁边，又画了一道更长的线。两者相比较，原先的那道线，看来变得短了许多。

师父开口道："夺得冠军的关键，不仅仅在于如何攻击对方的弱点，正如地上的长短线一样，如果你不能在要求的情况下使这条线变短，你就要懂得放弃在这条线上做文章，寻找另一条更长的线。那就是只有你自己变得更强，对方就如原先的那道线一样，也就在相比之下变得较短了。如何使自己更强，才是你需要苦练的根本。"

徒弟恍然大悟。

全面增强自身实力，在人格上、在知识上、在智慧上、在实力上使自己加倍地成长，变得更加成熟，变得更加强大，让许多问题迎刃而解。

蜕变获得重生

有歌词云："不经历风雨，怎能见彩虹？"确实，美好的获得需要付出代价，正如老鹰的重生需要经历常人难以想象的蜕变过程一样，处在

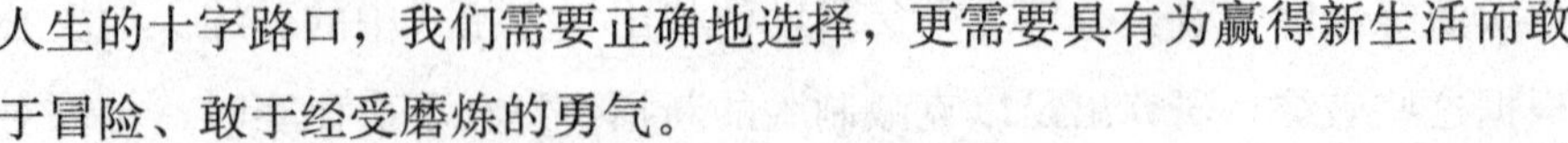

人生的十字路口，我们需要正确地选择，更需要具有为赢得新生活而敢于冒险、敢于经受磨炼的勇气。

老鹰是世界上寿命最长的鸟类，它的寿命可达70岁。但是如果想要活那么久，它就必须在40岁时作出困难却重要的抉择。

当老鹰活到40岁时，它的爪子开始老化，不能够牢牢地抓住猎物；它的喙变得又长又弯，几乎能碰到它的胸膛；它的翅膀也会变得十分沉重，因为它的羽毛长得又浓又厚，使它在飞翔的时候十分吃力。在这个时候，它是不会选择等死的，而是选择经过一个十分痛苦的过程来蜕变和更新，以便继续活下去。

这是一个漫长的过程：它需要经过150天的漫长锤炼，而且必须努力地飞到山顶，在悬崖的顶端筑巢，然后停留在那里不再飞翔。

首先，它要做的是用它的喙不断地击打岩石，直到旧喙完全脱落，然后经过一个漫长的过程，静静地等候新的喙长出来。之后，还要经历更为痛苦的过程：用新长出的喙把旧指甲一根一根地拔出来，当新的指甲长出来后，它们再把旧的羽毛一根一根地拔掉，等待5个月后长出新的羽毛。

这时候，老鹰才能重新开始飞翔，从此可以再过30年的岁月！

对于老鹰来说，这无疑是一段痛苦的经历，但正是因为不愿在安逸中死去，正是对30年新生岁月的向往，正是对脱胎换骨后得以重新翱翔于天际的憧憬，燃起了它对新生活的渴望和改变自己的决心。要想延长自己的生命，获得重生的机会，它选择了经受几个月的痛苦。我们不能不为老鹰的这种勇于改变的勇气所折服。

人生又何尝不是如此？面对癌症，是草草地结束自己的生命以避免遭受肉体和精神的折磨，还是积极地治疗，创造生命的奇迹？陷入困境，是听天由命，等待命运的宣判，还是放手一搏，冒险寻求可能的转机？工作平淡无奇，碌碌无为，是安于现状，享受现有的安逸，还是勇于改变，寻求属于自己的一片天地？

人生需要选择，生命需要蜕变，每当面临困难和挫折，面临选择和

放弃，我们都要有足够的勇气，改变自己，只有这样才能获得重生，才能创造另一个辉煌！

为失去而感恩

在人的一生中，要经历无数的失去，学会为失去感恩，勇于承受失去的事实，是走出失去的阴影、获得重新生活的勇气的关键。当我们失去了曾经拥有的美好时光，我们总是会更加感叹人生路的难走。其实大可不必如此，不管人生的得与失，我们都应致力于让自己的生命充满亮丽与光彩。不再为过去掉眼泪，笑对明天的生活，努力活出自己的精彩，前途也会是一片光明。

一个商人在翻越一座山时，遭遇了一个拦路抢劫的山匪。商人立即逃跑，但山匪穷追不舍。走投无路时，商人钻进了一个山洞里。山匪也追进了山洞里。

在洞的深处，商人未能逃过山匪的追逐。黑暗中，他被山匪逮住了，遭到了一顿毒打，身上所有钱财，包括一把准备夜间照明用的火把，都被山匪掳去了。

“幸好山匪并没有要我的命！”商人为失去钱财和火把沮丧了一阵之后，突然想开了。

之后，两个人各自寻找着山洞的出口。

这山洞极深极黑且洞中有洞，纵横交错。两个人置身于洞里，像置身于一个地下迷宫。

山匪庆幸自己从商人那里抢来了火把，于是他将火把点燃，借着火把的亮光在洞中行走。火把给他的行走带来了方便，他能看清脚下的石

块，能看清周围的石壁，因而他不会碰壁，不会被石块绊倒。但是，他走来走去，就是走不出这个洞。最终，他力竭而死。

商人失去了火把，没有了照明，但是他想：“我还有眼睛呢。”于是，他在黑暗中摸索着，行走得十分艰辛。他不时碰壁，不时被石块绊倒，跌得鼻青脸肿。但是，正因为没有了火把的照明，使他置身于一片黑暗之中，这样他的眼睛就能够敏锐地感受到洞口透进来的微光，他迎着这缕微光摸索爬行，最终逃离了山洞。

后来，商人还暗自庆幸山匪抢走了他的火把，否则他也会像山匪那样困死在洞中。

塞翁失马，焉知祸福。很多人因为失去才有了更好的获得，比如断臂而有维纳斯的不朽，失明而有《二泉映月》，瘫痪而有《钢铁是怎样炼成的》……这些故事都告诉我们，生活中其实没有什么东西是不能放手的。昨日渐远，你会发现，曾经以为不可放手的东西，只是生命中的一块跳板而已，跳过了，你的人生就会变得更精彩。

人生感悟

人在跳板上，最艰难的不是跳下来的那一刻，而是在跳下来之前，心里的犹豫、挣扎、无助和患得患失，那种感觉只有自己才能体会得到。同样，没有什么东西是不可或缺的，学会为所失去的感恩，幸福的阳光就会洒满你的心扉。

第五章

在逆境里学着成长

生命是一个往复循环的过程，逆境和厄运有时甚至就是一种幸运，我们无法要求人生一帆风顺，但是我们可以在狂风暴雨的肆虐中选择毫不畏惧，相信那句话：长风破浪应有时，直挂云帆济沧海。学着在逆境中成长，学会在磨难中成功。

用心智的眼睛看待成败

德国哲学家叔本华说过："我们在任何时候，都需要一定数量的烦恼、忧伤、痛苦和欲念，这就像船上需要压舱物一样。"这句话不是悲观主义者的呻吟，而是正确对待挫折与痛苦的方法。

如果你能看透世间本应有诸多的烦恼，那么每受挫一次，你对生活的理解便加深一层；每失误一次，你对人生的感悟便升高一阶；每不幸一次，你对世间的体会便成熟一级；每磨难一次，你对幸福的内涵就彻悟一遍。

从这个意义上说，要想获得成功和幸福，要想过得快乐，首先要把困难、挫折、不幸和痛苦读懂，也就是首先要明白：挫折和痛苦是生活必然会有的组成部分，由矛盾构成的生活自然是真实和美好的。如果一个人能把苦难看做生活的一部分，能接受不可改变的事实，就可以把他所受到的伤害降到最低程度。

弥尔顿在双目失明的情况下，写出了留传后世的优美诗篇；贝多芬在失去听力的打击和困扰下，毅然扼住了命运的咽喉，创作出不朽的圣乐名曲；柴可夫斯基若不是因为悲剧性的婚姻，就不会在痛苦之中写出动人心魄的《悲怆交响曲》；海伦·凯勒奇迹般的生涯是伴随着失明与聋哑的不幸而出现的；高位截瘫的张海迪自强不息，成为时代的先锋和楷模……

不论在什么时候发生什么事情，你都要记住：厄运与幸运往往交替出现。幸运来临时，固然要把握它；厄运当头时，也要立即采取行动，将它的影响降低到最小，同时，要努力摆脱它所带来的阴影，让生命开始新的征程。

世界不是缺少美，而是缺少美的发现。人改变了视觉，也就重新发现了一个新奇的世界，世界其实仍然是那个世界，太阳不会因为人们的视觉改变而成为月亮。我们拥有一个共同的世界，我们却拥有不同的世界观。对这个世界也有着不同的认识，不同的理解和看法。每个人都有一双眼睛，用以分辨事物，这是自然的造化。每个人还有一双眼睛，它不是长在脸上，而是长在心中，这就是心智的眼睛。这双眼睛比另一双更重要，它告诉我们该如何看待身外的世界，如何看待自己。

生命是一个循环过程，好事变为坏事、坏事变为好事的情况是经常发生的。有时候，厄运甚至就是一种幸运，就是一种难得的契机，因为它将你逼到了不得不去选择走另一条路的境地。而你一旦踏上了这条新路，成功就可能在向你招手了。

正视逆境

犹太人有段谚语很有意思：如果断了一条腿，你就该感谢上帝没有折断你的两条腿；如果断了两条腿，你就该感谢上帝没有扭断你的脖子；如果断了脖子，那也就没有什么好担忧的了。

从前，有个国王在追捕猎物时，不幸弄断了一节食指。国王剧痛之余招来智慧大臣，征询他对意外断指的看法。智慧大臣轻松自在地对国王说，这是一件好事，并请国王往积极地方面去想。不想国王闻言大怒，他认为智慧大臣是在幸灾乐祸，即命侍卫将他关到监狱。后来，国王又在一次打猎中，不幸被丛林中的野人活捉。

依照野人的惯例，必须将活捉的这队人马的首领献祭给他们的神。祭奠仪式刚开始，巫师发现国王断了一截食指，而按他们的部族的律例，献祭不完整的祭品给天神，是会遭天谴的。野人连忙将国王解下祭坛，驱逐他离开，另外抓了一位大臣献祭。

国王狼狈地回到朝中，庆幸大难不死。忽而想起智慧大臣所说，断指确是一件好事，便立刻将他从牢中放出，并当面向他道歉。

智慧大臣还是保持他的积极态度，笑着原谅国王，并说这一切都是好事。

国王不服气地质问："说我断指是好事，如今我能接受；但若说因我误会你，而将你关在牢中受苦，难道这也是好事？"

智慧大臣微笑着回答："臣在牢中，当然是好事，陛下不妨想象，如果臣不在牢中，那么，今天陪陛下打猎的大臣会是谁呢？"

我们都知道塞翁失马的故事，说的也是这个道理。生活中，我们总是会拥有很多东西，但同时也会失去一些东西。一个人不可能毫无失去就能完全拥有，那不是真正的生活。有时失去意味着另一种获得，有时失去让我们发现还有其他美好的事物依然存在，也因此，这样的获得和存在会更让人珍惜。

让我们用一颗平常心去对待生活中的拥有与失去，凡事看得淡点，知足常乐，会让自己的生活轻松愉快，如果太贪心，总想得到很多又无法面对失去，那终究会成为一种生活的负荷与累赘，让你疲惫不堪而逐渐失去人生的乐趣。既然这样，那么，让我们还是选择平静与淡泊吧，好好珍惜自己拥有的，正确面对已经失去的，给自己一份快乐的心情、幸福的生活。

人生感悟

当人们身处逆境的时候，不妨用"塞翁失马"的故事来开导自己，往好的方面想，只有这样才能忘掉现在的逆境，给自己一个好的心情。

挫折面前不要怕

对于你所遭遇的困难，你愿意努力去尝试，而且不止一次地尝试吗？你自己努力过吗？只试一次是绝对不够的，需要多次尝试，那样你会发现自己心中蕴藏着巨大能量。许多人之所以失败，只是因为未能竭尽所能去尝试。

戴高乐曾经说过：“困难，特别吸引坚强的人。因为他只有在拥抱困难时，才会真正认识自己。”

松下幸之助被誉为“经营之神”。他不是一个社会的幸运儿，不幸的生活却促使他成为一个永远的抗争者。松下幸之助9岁起就去大饭店做小伙计；父亲的过早去世使得15岁的他不得不担负起全家生活的重担，他体会到了做人的艰辛。

1910年，松下幸之助来到大阪电灯公司做一名室内电线安装练习工，一切从头学起，后来，他诚实的品格和上乘的服务赢得了公司的信任。22岁那年，他晋升为公司最年轻的检察员。就在这时，他遇到一次人生的挑战。

有一天，他发现自己咳的痰中带血，这使他非常害怕，因为这种奇怪的家族病史，已经有9位家人在30岁前离开了人世，这其中包括他的父亲和哥哥。当时的境况使他不可能按照医生的吩咐去休养，他没了退路，反而对可能发生的事情有了充分的精神准备，只能边工作边治疗，这也使他形成了一套与疾病作斗争的办法：不断调整自己的心态，以平常之心面对疾病，调动肌体自身的免疫力、抵抗力与病魔斗争，使自己保持旺盛的精力。这样的过程持续一年，他的身体也变得结实起来，内心也越来越坚强，这种心态也影响了他的一生。

松下电器公司不是一个一夜之间成功的公司，创业之初，正逢第一次世界大战，物价飞涨，而松下幸之助手里的所有资金还不到100元，困难可以想象。

但他把这一切都看成创业的必然经历，他对自己说："再下点工夫总会成功的！已有更接近成功的把握了。"他相信：坚持下去取得成功，就是对自己最好的报答。工夫不负有心人，生意逐渐有了转机，直到6年后拿出第一个像样的产品也就是自行车前灯时，公司才慢慢走出了困境。

第二次世界大战的爆发使日本经济走上了畸形，日本的战败使得松下幸之助变得几乎一无所有，剩下的是到1949年达10亿元的巨额债务。为抗议把公司定为财阀，松下幸之助不下50次地去美军司令部进行交涉，其中的辛苦自不必言。

他之所以能够走出遗传病的阴影，安然度过企业经营中的一个个惊涛骇浪，得益于他永葆一颗乐观的心，并能坦然应对生活中的挫折和磨难。松下幸之助说过："只要有一颗谦虚和开放的心，你就可以在任何时候从任何人身上学到很多东西。无论是逆境或顺境，坦然的处世态度，往往会使人更聪明。"

逆境给了松下幸之助宝贵的磨炼和发展的机会。只有经得起逆境考验的人，才能算是真正的强者。如果不能坦然处之，那么，在逆境时就容易卑躬屈膝，而顺境时又得意忘形。其实，顺境和逆境都是命运的安排，只有坦然去面对，才是最好的方式。坦然的处世态度会使人更加聪明。

英国哲学家培根说过："超越自然的奇迹多是在对逆境的征服中出现的。"

请记住，面对挫折，不要怕，因为成长必然要付出代价。

总之，不论处境如何，为人处世之道就在于不迷惘、不矫揉，以一颗乐观、豁达、健康的平常心面对，这样生活就会令你感到无比美好。

人生感悟

戴高乐曾经说过："困难，特别吸引坚强的人。因为他只有在拥抱困难时，才会真正认识自己。"这句话一点都没错。

接受自己所失去的

在人生的海洋中航行，不会永远都一帆风顺，难免会遇到挫折。所谓挫折，是指因为自身或环境等各方面的因素，阻碍或拖延了人们力求达到的目标时所引起的不良心理体验。如果这种体验持续时间过长或程度过于激烈，就可能引发各种身心疾病。因此，提高心理承受力，增强对挫折的抗击力是人们健康生存和事业发展所必需的。这就要求我们能够正确认识挫折，看到它的普遍性。

"天有不测风云，人有旦夕祸福"，日常生活中，许多人都有过丢失某种重要或心爱之物的经历：比如丢失了刚发的工资，最喜爱的自行车被盗了，相处了好几年的恋人拂袖而去了等，这些大都会在我们的心理上投下阴影，有时我们甚至因此而倍受折磨。究其原因，就是我们没有调整心态去面对失去，没有从心理上承认失去，只沉湎于已不存在的东西，而没有想到去创造新的东西。人们安慰丢东西的人时常会说："旧的不去，新的不来。"事实正是如此，与其为失去的自行车懊悔，不如考虑怎样才能再买一辆新的；与其对恋人向你"拜拜"而痛不欲生，不如振作起来，重新开始，去赢得新的爱情。

人生总是在不断地失去和拥有。拥有快乐，失去烦恼；捡到幸福，丢掉悲伤。不管将来你要怎样选择，最重要的是自己能够开心地面对。

“万事如意”是人们美好的愿望，在现实生活中是不存在的。在困境中，我们更须坚定信念，随时赋予自己生活的支持力，告诉自己“我一定能应付过去”。

当我们有了这份坚定的信念，困难便会在不知不觉中慢慢远离，生活自然会回到风和日丽的宁静与幸福之中。下面这个故事或许能让你悟出更多的道理。

一个人坐在轮船的甲板上看报纸。突然一阵大风把他新买的帽子刮落大海中，只见他用手摸了一下头，看看正在飘落的帽子，又继续看起报纸来。另一个人大惑不解：“先生，你的帽子被刮入大海了！”“知道了，谢谢！”他仍继续读报。“可那帽子值几十美元呢！”“是的，我正在考虑怎样省钱再买一顶呢！帽子丢了，我很心疼，可它还能回来吗？”说完那人又继续看起报纸来。

的确，失去的已经失去，何必为之大惊小怪或耿耿于怀呢？要勇敢地去承担后果，同时，还要原谅自己。新的机会每天都在出现，但是，没有什么比背着沉重的精神包袱更能伤害一个人的健康和意志了，它令我们感到无助、劳累。而一个人如果不能勇敢地面对问题，也就无法原谅自己，他就永远活在了过去，而无法去面对明天和未来，于是，我们就无形中给自己制造了更多的烦恼和麻烦。因为，今天的一切不如意要靠你今天去改变，你今天的所作所为，决定你明天会收获什么。

生活中，我们难免失去，如果失去什么之后，我们再失去快乐的心情，岂不是失去更多了？如果我们能换一个角度来思考问题，生活中又有什么让人感到过不去的事情呢？

人生感悟

人生总是在不断地失去和拥有。拥有快乐，失去烦恼；捡到幸福，丢掉悲伤。不管将来你要怎样选择，最重要的是自己能够开心地面对。

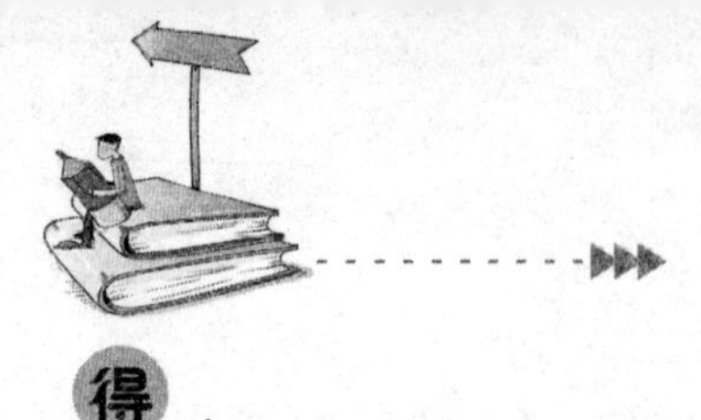

敢于面对失败

人生之路充满坎坷，一个人不可能永远一帆风顺，难免遇到挫折。遇到挫折并不可怕，重要的是你如何面对它。有的人灰心、气馁；有的人调整心态，重整旗鼓……

1989 年，日本松下公司公开招聘管理人员，一位名叫福田三郎的青年参加了应试。考试结果公布，福田名落孙山。得到这一消息后，福田深感绝望，顿起轻生之念，幸亏抢救及时，他自杀未遂。此时公司派人送来通知，原来福田被录取了，他的考试成绩名列第二，因当时计算机出了故障，所以统计时出了差错。然而，当松下公司得知福田因未被录用而自杀时又决定不聘用他。其理由是，连这样小小的打击都经受不起的人，又怎么能在今后艰苦曲折的奋斗之路上建功立业呢？由此可见心理素质对一个人来说是何等重要！

不愿面对失败的人，永远都是失败的；敢于面对失败的人，即使最后失败了，也仍然是胜利的，因为他懂得如何对待挫折。不敢面对挫折的人，不是一个自信的人，因为一个自信的人是不会那么介意自己的失败的，他对自己充满信心，他知道自己最终会胜利。人只要多一些自信，就会坦然地面对挫折。

有一天，俄罗斯剧作家克雷洛夫在街上行走。

忽然，有个年轻的果农走上前来，拦住了他的去路。只见果农拿着一个果子，向克雷洛夫兜售。

年轻人腼腆地对他说："先生，请你帮忙买些果子吧！不过，我要老实告诉你，这些果子其实有点酸，因为这是我第一次种果子。"

克雷洛夫见这个果农如此诚实，心生好感，便向他买了几个果子，并对他说："小伙子，别灰心啊！你以后种的果子会越来越甜的，我第一次种的果子也是酸的。"

年轻人一听，以为遇到了"同行"，连忙向他请教："你以前也种过果树吗？后来呢？"

克雷洛夫笑着说："我啊！我收获的第一个果实是《用咖啡渣占卜的女人》。不过，当时没有一个剧院愿意演出这个剧本。"

不必担心未来的结果，只要仔细检查眼前的步伐有没有错误，走一步便修正一步，并学会坦然面对我们迈出的每一步，那么当我们站在终点时，自然能站立得踏实又稳健。

人的一生难免会遇到失败与挫折，我们每个人都可以像克雷洛夫一样，善于自我调侃，不要害怕我们跨出的第一步，把难堪的窘境当成人生的必然经历。

卡耐基经过调查研究认为，一个人事业上的成功，只有15%在于其学识和专业技术，而85%靠的是心理素质和善于处理人际关系。

1976年奥运会十项全能冠军的获得者詹纳，曾从体育比赛角度作了类似的论述，他说："奥林匹克水平的比赛，对运动员来说，20%是身体方面的竞技，80%是心理上、人格上的挑战。"事实上，每个人都有充分发展自己，使自己取得巨大成就的智慧，可惜不少人却忽视了自我开发的巨大潜力。

小时候，我们都是从跌倒中学会走路的，即使长大成人，这样的生命方式也不会改变，我们仍然得"从跌倒中学会走路"。

每一个困难与挫折，都只是生活中必然的跌跤动作，我们不必太过惊慌或难过，只要心里牢牢记得小时候那种不怕跌倒的勇敢精神，鼓励自己站起来，拍拍灰尘，然后继续前进，或许下一步，我们就能踏着沉稳的步伐，朝着人生的新目标前进。

人生之路充满坎坷，一个人不可能永远一帆风顺，难免遇到挫折。

遇到挫折并不可怕，重要的是你如何面对它。有的人灰心、气馁；有的人调整心态，重整旗鼓……

由失败走向成功的关键

日本人渡边正雄曾经做过很多小生意，但有时赚，有时亏，根本就没什么值得一提的成就。待他 50 岁时，他觉得干不动产这一行很赚钱，就决定改行，但他对不动产业是外行。一个人从事自己一窍不通的行业是行不通的，起码也该有些常识和经验。于是，渡边打算一边打工一边取经。

当渡边拿定主意之后，他去见了“大藏不动产公司”的董事长，请求雇用他。起初，董事长见他是个生手，年纪又不小了，没有培养的价值，便冷冰冰地拒绝了。渡边感到很失望，不得不退而求其次，央求道：“我不要薪金，请让我免费为贵公司服务，可以吗？”董事长想不出拒绝的理由，反正是个不必付薪水的，就把渡边留了下来。

一年后，渡边觉得自己学到的东西差不多了，就离开了大藏公司，在东京新宿区买下了一间面积 40 多平方米的平房，开设了一家很小的不动产公司：“大都不动产公司”。

有一天，有人来向渡边推销土地，说拿须有一块几百万平方米的高原，价钱非常便宜，一平方米只卖六十多日元。这是一块山间的土地，很多从事不动产业者都知道这片土地，但没有一个人对它感兴趣，表示有兴趣的只有渡边一人。

当时的拿须是个人迹罕至的地方，没有道路，也没有水电等公共设施，其价值几乎等于零。但渡边为何对这片土地感兴趣呢？后来，他向世人道出了自己当初的想法：“虽然是一片广阔无边的高原，但跟天皇御用地邻接，这会令人感觉到置身在与帝王一样的环境里，可以提高身份，能满足一部分人的自尊心和虚荣心。再说，在这个拥挤的时代，将高原改造成住地的时间一定为期不远。这时候把它买下来，动些脑筋，好好宣传，一定大有赚头。”

不久，渡边不顾一切地拿出全部财产当赌注，又大量举债，把数百万平方米的土地订了下来。当他订约后，不动产业者们都嘲笑他是一个大傻瓜，说：“只有傻瓜才会买那样一片一文不值的山间土地。”

面对别人的嘲笑，渡边毫不理会。他把土地细分为道路、公园、农园、建筑用地，又与建筑公司合作，准备先盖 200 户别墅和大型出租民房。一切准备妥当后，他就开始卖分段划分的农园用土地和别墅地，以偿还未付的土地款。

由于拿须远离都市的喧嚣，空气清新，景色优美，对那些厌恶都市噪音和污染的人极具吸引力。为了向世人推荐这片土地，渡边展开了大张旗鼓的宣传攻势。如此，渡边的宣传果然大有收获，东京以及其他都市的人都对此产生了极大兴趣，纷纷前来订购。有的人订购别墅，有的人订购一块果园或菜地。因为不订购别墅也有出租民房可住，因此订购农园、菜地的人多得惊人。

结果，不到一年，渡边就把土地卖出了 80%，一眨眼就净赚 50 多亿日元。不仅如此，剩下的土地最少也值他当初所付出的土地款的 3 倍之多，而且价格还在不断地上涨。

现实生活中，人们选择职业往往非常看重薪水和工作环境，很少有人把学习技术、学习创业经验摆在第一位，事实上，工作条件好，薪水高的饭碗很少，即使有也有很多人去抢。对所有的打工者，包括刚刚走上社会的毕业生来说，与其千方百计寻找就业岗位，不如转向学习创业经验。

故事的主人公渡边正雄，大半辈子劳而无功。而后来转向不动产业一举成功。刚开始，他对不动产业也是一窍不通，但通过在大藏公司

的为期一年不要薪水的工作和学习，他取得了真经，这是由失败走向成功的关键。

人生感悟

现实生活中，人们选择职业往往非常看重薪水和工作环境，很少有人把学习技术、学习创业经验摆在第一位，事实上，工作条件好，薪水高的饭碗很少，即使有也有很多人去抢。

钢玻璃杯的故事

一个农民，初中只读了两年，家里就没钱继续供他上学了。他辍学回家，帮父亲耕种三亩薄田。在他 19 岁时，父亲去世了，家庭的重担全部压在了他的肩上。他要照顾身体不好的母亲，还有一位瘫痪在床的祖母。

上世纪 80 年代，农田承包到户。他把一块水洼挖成池塘，想养鱼。但乡里的干部告诉他，水田不能养鱼，只能种庄稼，他只好有把水塘填平。这件事成了一个笑话，在别人的眼里，他是一个想发财但有非常愚蠢的人。

听说养鸡能赚钱，他向亲戚借了 500 元钱，养起了鸡。但是一场洪水后，鸡得了鸡瘟，几天内全部死光。500 元对别人来说可能不算什么，对一个只靠三亩薄田生活的家庭而言，不啻天文数字。他的母亲受不了这个刺激，竟然忧郁而死。

他后来酿过酒，捕过鱼，甚至还在石矿的悬崖上帮人打过炮眼……可都没有赚到钱。

35岁的时候，他还没有娶到媳妇。即使是离异的有孩子的女人也看不上他。因为他只有一间土屋，随时有可能在一场大雨后倒塌。娶不上老婆的男人，在农村是没有人看得起的。

但他还想搏一搏，就四处借钱买一辆手扶拖拉机。不料，上路不到半个月，这辆拖拉机就载着他冲入一条河里。他断了一条腿，成了瘸子。而那拖拉机，被人捞起来，已经支离破碎，他只能拆开它，当做废铁卖。

几乎所有的人都说他这辈子完了。但是后来他成了我所在的这个城市里的一家公司的老总，手中有两亿元的资产。现在，许多人都知道他苦难的过去和富有传奇色彩的创业经历。许多媒体采访过他，许多报告文学描述过他。但我只记得这样一个情节，记者问他："在苦难的日子里，你凭什么一次又一次毫不退缩？"他喝完了手里的一杯水。然后，他把玻璃杯子握在手里，反问记者："如果我松手，这只杯子会怎样？"记者说："摔在地上，碎了。""那我们试试看。"他说。

他手一松，杯子掉到地上发出清脆的声音，但并没有破碎，而是完好无损。他说："即使有10个人在场，他们都会认为这只杯子必碎无疑。但是，这只杯子不是普通的玻璃杯，它是用玻璃钢制作的。"

于是，我记住了这段经典绝妙的对话。这样的人，即使只有一口气，他也会努力去拉住成功的手，除非上苍剥夺了他的生命……

人生并非一帆风顺。真正的成功是那些在跌倒后能一次一次爬起、在苦难中毫不退缩不言放弃的人。就像玻璃钢的杯子，哪怕摔得再多，它还是能一次一次以自己的完好证明着自己的韧性。不倒翁并非不倒，只是它在倒了之后能够重新站立！

小锤捶动大铁球

一位著名的推销大师，在一生中取得了辉煌的成就，因为年龄大了，他即将告别自己的职业生涯，应人们的邀请，他将做一场演说。

这天，会场上座无虚席，人们在热切地、焦急地等待着。大幕徐徐拉开，舞台的正中央吊着一个巨大的铁球。为了这个铁球，台上搭起了高大的铁架。一位老者在热烈的掌声中，走了出来，站在铁架的一边。他穿着一件红色的运动服，脚下是一双白色胶鞋。

人们惊奇地望着他，不知道他要做出什么举动。两位工作人员抬着一个大铁锤，放在老者的面前。主持人邀请两位身体强壮的听众到台上来，推销大师请他们用大铁锤去敲打那个吊着的铁球，直到把它荡起来。

年轻人抡起大锤奋力向那吊着的铁球砸去，一声震耳的响声后，吊球动也没动。他用大铁锤接二连三地砸向吊球，很快他就气喘吁吁，还是未能将铁球打动。

会场寂静无声，这时，推销大师从上衣口袋里掏出一个小锤，然后开始认真地面对着那个巨大的铁球敲打。他用小锤对着铁球“咚”地敲了一下，然后停顿一下，再用小锤敲一下。

人们奇怪地看着，老人就那样“咚”地敲一下，然后停顿一下，就这样持续地做。

10 分钟过去了，20 分钟过去了，30 分钟过去了，会场早已开始骚动。人们用各种声音和动作发泄着自己的不满。老人仍然用小锤不停地敲着，仿佛根本没有看见人们的反应。许多人愤然离去，会场上到处是空着的座位。

40分钟后，坐在前排的人突然叫道："球动了!"

霎时间，会场又变得鸦雀无声，人们聚精会神地看着那个铁球。那个球以很小的幅度摆动了起来，不仔细看很难察觉。大师仍旧一小锤一小锤地敲着。人们默默地听着小锤敲打吊球的声响。

吊球在大师一锤一锤地敲打中越荡越高，它拉动着那个铁架子"哐哐"作响，它的巨大威力强烈地震撼着在场的每一个人。年轻人用大锤也没有打动的铁球，在大师小锤的敲打中却剧烈地摆荡起来，终于，场上爆发出一阵阵热烈的掌声。

逆境中坚持做一件事情很难，因为在刚开始的收效甚微，往往容易动摇我们的信念。这时候我们需要给自己打气，告诉自己不要放弃。看起来不可能的事情就是在这样一种坚持中变成可能的。

克尔的坚持

克尔曾经是一家报社的职员。他刚到报社当广告业务员时，对自己很有信心，他给经理提出不要薪水，只按广告费抽取佣金。经理答应了他的请求。

于是，他列出一份名单，准备去拜访一些很特别的客户。公司里的业务员都认为那些客户是最难争取的。

在去拜访这些客户前，克尔把自己关在屋里，站在镜子前，把名单上的客户念了10遍，然后对自己说："在本月之前，你们将向我购买广告版面。"

他怀着坚定的信心去拜访客户，第一天，他和20个“不可能的”客户中的3个谈成了交易；在第一个星期的另外几天，他又成交了两笔交易；到第一个月的月底，20个客户只有一个还不买他的版面。

在第二个月里，克尔没有去拜访新客户，每天早晨，那个拒绝买他的广告的客户的商店一开门，他就进去和这个商人谈广告，而每天早晨，这位商人却回答说：“不!”每一次，当这位商人说“不”时，克尔就假装没听到，然后继续前去拜访。到那个月的最后一天，对克尔已经连着说了30天“不”的商人说：“你已经浪费了一个月的时间来请求我买你的广告，我现在想知道的是什么让你坚持了这么久?”

克尔说：“我并没浪费时间，我等于在上学，而你就是我的老师，我一直在训练自己在逆境中的坚持精神。”那位商人点点头，接着克尔的话说：“我也要向你承认，我也等于在上学，而你就是我的老师。你已经教会了我坚持到底这一课，对我来说，这比金钱更有价值，为了向你表示我的感激，我要买你的一个广告版面，当做我付给你的学费。”

坚持到底，并不像说起来得那么简单！它需要我们对自己所选择的信心，需要一步一步走得耐心，也需要面对困难时的毫不退缩的勇气。克尔就给我们上了很好的一课。

下一次就是你

有一个女孩对足球十分痴迷，一个偶然机会，她被父亲送到了体校学踢足球。

在体校，女孩并不是一个很出色的球员，因为此前她并没有受过规范的训练，踢球的动作、感觉都比不上先入校的队友。女孩上场训练踢球时常常受到队友们的奚落，说她是“野路子”球员，女孩为此情绪一度很低落。每个队员踢足球的目标就是进职业队打上主力。这时，职业队也经常去体校挑选后备力量，每次选人，女孩都卖力地踢球，然而终场哨响，女孩总是没有被选中，而她的队友已经有不少陆续进了职业队，没选中的也有人悄悄离队。于是，平时训练最刻苦认真的女孩便去找一直对她赞赏有加的教练，教练总是很委婉地说：“名额不够，下一次就是你。”天真的女孩似乎看到了希望，树立了信心，又努力地接着练了下去。

一年之后，女孩仍没有被选上，她实在没有信心再练下去，她认为自己虽然场上意识不错，但个头太矮，又是半路出家，再加上每次选人时，她都迫切希望被选中，因此上场后就显得紧张，导致平时训练水平发挥不出来。她为自己在足球道路上黯淡的前程感到迷茫，就有了离开体校放弃踢球的打算。

这天，她没有参加训练，而是告诉教练说：“看来我不适合踢足球了，我想读书，想考大学。”教练见女孩去意已决，默默地看着她，什么也没说。然而，第二天女孩却收到了职业队的录取通知书。她激动不已地立马前去报了到。其实，她骨子里还是喜欢着足球。女孩这次很高兴地跑去找教练了，她发现教练的眼中同她一样闪烁着喜悦的光芒。教练这次开口说话了：“孩子，以前我总说下一次就是你，其实那句话不是真的，我是不想打击你而告诉你说你的球艺还不精，我是希望你一直努力下去啊!”女孩一下子什么都明白了。

在职业队受到良好系统实战训练后女孩充满信心，她很快便脱颖而出。她就是获得20世纪世界最佳女子足球运动员的我国球星孙雯。

后来，孙雯讲述这段往事时，感慨地说：“一个人在人生低谷中徘徊，感觉自己支持不下去的时候，其实就是黎明的前夜，只要你坚持一下，再坚持一下，前面肯定是一道亮丽的彩虹。”

人生感悟

走了那么远，目标感觉还是遥遥无期。有人选择了放弃，有人选择了坚持。放弃的人也许能找到另一条通向成功的路，但不可否认的是他同时放弃的还有最初的选择；坚持的人也许还要进行长途跋涉，但也许他会发现其实目标就是近在咫尺。其实，往往我们想放弃的时候，我们需要的只是再迈出一步而已。

瑞典的法国建筑

19世纪时有一位瑞典青年，家境很不好，穷困得连肚子都填不饱，更别提入学受教育了。青年虽然在这种环境之下成长，但是丝毫不气馁，一有多余的时间就自学，因此学习了许多关于建筑和化工方面的知识。他决心要用自己的所学改变自己的命运。

后来，青年凭着所学的一些知识，开始进入建筑公司做起了小助理。他积极努力地工作，因为表现出色，先后协助了一些著名建筑师的工作，在这段时间里，他累积了许多宝贵的经验和知识，再加上潜在的天分，逐渐在建筑界小有名气，为许多人所肯定。但是，由于他没有好的学历和出身背景，所以不管他再怎么努力，也无法打入上流社会，成为地位崇高、有名望的建筑师。看到无法实现愿望，青年因此郁郁终日。

有一天，他在街上远远地见到一群侍卫，簇拥着瑞典国王查理四世出访，他情不自禁地想："如果我有国王这样的机遇就好了。"

查理四世原来是个法国人，曾是拿破仑身边的元帅，由于他的卓越才能为老瑞典国王所赏识，因此被老国王在临终之前收为义子，要他统治瑞典。

查理四世不负老瑞典王的厚望，将瑞典治理得井井有条。

但是，要怎么样才能引起国王的注意呢？青年动起了脑筋。

“如果我能建造一个很特殊的建筑物，来吸引国王，那就好了！”青年的眼睛一亮，“对呀！国王原来是法国人，如果我在瑞典建造一座类似法国凯旋门的建筑物，一定能引起他的注意。”

有了这个想法，于是青年四处奔走，争取到几位过去有生意往来的企业家的支持，不久之后就在一座瑞典小城内，盖起了一座抓住了法国凯旋门神韵的建筑物。一天，国王经过小城，看到这个建筑物时，惊讶得说不出话来，睹物思情，缅怀过往，引了他许多的感慨。

事后国王特别召见青年，夸赞他的建筑技术。

受到国王赞赏的青年．忽然之间声名大噪，各种媒体争相报道有关他和他的建筑作品，他被大家奉为天才。从此，他不但跻身上流社会，而且一跃成为瑞典建筑界的大师。

要想改变自己的命运，只能靠自己的双手，靠自己不懈的奋斗！路是自己走出来的，只要有心，没有什么困难不可以克服。

大海里的船

英国劳埃德保险公司曾从拍卖市场买下一艘船，这艘船 1894 年下水，在大西洋上曾 138 次遭遇冰山，116 次触礁，13 次起火，207 次被

风暴扭断桅杆，然而它从没有沉没过。劳埃德保险公司基于它不可思议的经历及在保费方面给带来的可观收益，最后决定把它从荷兰买回来捐给国家。现在这艘船就停泊在英国萨伦港的国家船舶博物馆里。不过，使这艘船名扬天下的却是一名来此观光的律师。当时，他刚打输了一场官司，委托人也于不久前自杀了。尽管这不是他的第一次失败辩护，也不是他遇到的第一例自杀事件，然而，每当遇到这样的事情，他总有一种负罪感。他不知该怎样安慰这些在生意场上遭受了不幸的人。

当他在萨伦船舶博物馆看到这艘船时，忽然有一种想法，为什么不让他们来参观参观这艘船呢？于是，他就把这艘船的历史抄下来和这艘船的照片一起挂在他的律师事务所里，每当商界的委托人请他辩护，无论输赢，他都建议他们去看看这艘船。

在大海上航行的船没有不带伤的。虽然屡遭挫折，却能够坚强地百折不挠地挺住，这就是成功的秘密。

挣脱束缚

一个小孩在看完马戏团精彩的表演后，跟着父亲到帐篷外拿干草喂养表演完的动物。小孩注意到一旁的大象群，问父亲：“爸，大象那么有力气，为什么它们的脚上只系着一条小小的铁链，难道它无法挣开那条铁链逃脱吗？”

父亲笑了笑，耐心为孩子解释：“没错，大象是挣不开那条细细的铁链。在大象还小的时候，驯兽师就是用同样的铁链来系住小象，那时候的小象，力气还不够大，小象起初也想挣开铁链的束缚，可是试过几次之后，知道自己的力气不足以挣开铁链，也就放弃了挣脱的念头，等小象长成大象后，它就甘心受那条铁链的限制，而不再想逃脱了。”

正当父亲解说之际，马戏团里失火了，大火随着草料、帐篷等物燃烧得十分迅速，蔓延到了动物的休息区。

动物们受火势所逼，十分焦躁不安，而大象更是频频跺脚，仍是挣不开脚上的铁链。炙热的火势终于逼近大象，只见一只大象已经被火烧着，它灼痛之余，猛然一抬脚，竟轻易将脚上铁链挣断，迅速奔逃至安全的地带。

其他的大象，有一两只见同伴挣断铁链逃脱，立刻也模仿它的动作，用力挣断铁链。其他的大象却不肯去尝试，只顾不断地焦急转圈跺脚，竟而遭大火席卷，无一幸存。

在大象成长的过程中，人类聪明地利用一条铁链限制了它，虽然那样的铁链根本系不住有力的大象。在我们成长的环境中，是否也有许多肉眼看不见的链条束缚住我们？而我们也就自然将这些链条当成习惯，视为理所当然。

于是，我们独特的创意被自己抹杀，认为自己无法成功致富；告诉自己难以成为配偶心目中理想的另一半，无法成为孩子心目中理想的父母，父母心目中理想的孩子。然后，开始向环境低头，甚至于开始认命、怨天尤人。

这一切都是我们心中那条束缚自我的铁链在作祟罢了。或许，你必须耐心静候生命中来一场大火，逼得你非得选择挣断链条或甘心遭大火席卷。或许，你将幸运地选对了前者，在挣脱困境之后，语重心长地告诫后人，必须历经苦难磨炼方能得以成长。

除了这些人生习以为常的定式之外，你还有一种不同的选择。你可以当机立断，运用我们内在的能力，立即挣开消极习惯的捆绑，改变自

己所处的环境，投入另一种崭新而积极的领域中，使自己的潜能得以发挥。

你愿意静待生命中的大火？甚至甘心遭它席卷，而低头认命吗？抑或立即在心境上挣开环境的束缚，获得追求成功的自由？

在我们成长的环境中，是否也有许多肉眼看不见的链条在系住我们？而我们也就自然地将这些链条当成习惯，视为理所当然。

我们不能选择自己的生活环境，当我们把链条的束缚当成习惯时，请一定挣脱它，不要向环境低头，不要一切理所应当。当面对厄运的时候，请直视它迎难而上，学着挣脱束缚，学着在逆境中长大。

点亮人生的希望

米勒教授和另外两名地质专家组成的考察团，准备进溶洞考察。溶洞在当地人们的眼里是一个“迷洞”，曾经有胆大的人进去过，但都是一去不复返。

随身携带的计时器显示着，他们在漆黑的溶洞里走过了 14 个小时，这时一个有半个足球场大小的水晶岩洞呈现在他们的面前。他们兴奋地奔了过去，尽情欣赏、抚摸着那些迷人水晶。待激动的心情平静下来之后，其中那个负责画路标的专家忽然惊叫道：“刚才我忘记刻箭头了！”他们再仔细看时，四周竟有上百个大小各异的洞口。那些洞口就像迷宫一样，洞洞相连，他们转了很久，始终没能找到退路。

米勒教授在洞口前默默地搜寻着，突然他惊喜地喊道："在这儿有一个标志！"他们决定顺着标志的方向走。米勒教授走在前面，每一次都是他先发现标志。

终于，他们的眼睛被强烈的太阳光刺疼了，这意味着他们已经走出了"魔洞"。另外两个专家竟像孩子似的，掩面哭泣起来，他们对米勒教授说："如果没有那位前人……"而老教授缓缓地从衣兜里掏出一块被磨去半截的石灰石递到他俩面前，意味深长地说："在没有退路可言的时候，我们唯有相信自己……"

是啊，其实人生不就是一次最有意义的探险吗？也许当我们为追寻一个目标而艰苦跋涉的时候，突然间会迷失方向，陷入孤独无援的境地。生活往往就是这样奇怪，它在馈赠给我们蜜饯的同时，又悄悄地在我们面前布下了一个个"迷洞"，来考验我们的执著与勇气。

面对人生的许多"迷洞"，我们不能惊慌失措，也不能裹足不前，唯有在心头点燃一根火柴，点亮人生的希望，并义无反顾地走下去！

别忽略了你自身的无限潜力

在生活当中，我们忽略的常是自己，着眼点往往在一些身外之物上。比如财产受了损失，经营的企业面临被人挤垮的危机，等等，都能将自己搞得晕头转向，看不到生活的光明和希望。

殊不知，你自己就是一座宝藏，你自己才是取得成功的资本。笃信

“天生我材必有用”，认识自己，发现自己，战胜自己，只有你自己，才是你人生命运的主人。

有一个法国人，42 岁了仍一事无成，他自己也认为自己简直倒霉透了：离婚、破产、失业……他不知道自己还有何生存的价值和意义。他对自己非常不满，变得古怪、易怒，同时又十分脆弱。有一天，一个吉普赛人在巴黎街头算命，他随意一试。

吉普赛人看过他的手相之后，说：“您是一个伟人，您很了不起!”

“什么?”他大吃一惊，“我是伟人，你不是在开玩笑吧?”

吉普赛人平静地说：“您知道您是谁吗?”

“我是谁?”他暗想，“我是个倒霉鬼，是个穷光蛋，是个被生活抛弃的人!”

但他仍然故作镇静地问：“我是谁呢?”

“您是伟人，”吉普赛人说，“您知道吗，您是拿破仑转世！您身体流的血、您的勇气和智慧都是拿破仑的啊！先生，难道您没有发觉，您的面貌也很像拿破仑吗?”

“不会吧……”他迟疑地说，“我离婚了、我破产了、我失业了，我几乎无家可归……”

“嗨，那是您的过去。”吉普赛人说，“您的未来可不得了。如果先生您不信，就不用给钱好了。不过，五年后，您将是法国最成功的人啊！因为您就是拿破仑的化身。”

他表面装作极不相信地离开了，心里却滋生出一种从未有过的感觉。他对拿破仑产生了浓厚的兴趣，回家后，就想方设法找与拿破仑有关的书籍阅读。渐渐地，他发现周围的环境开始改变了，朋友、家人、同事、老板，都换了另一种眼光、另一种表情对他。事情开始顺利起来。后来他才领悟到，其实一切都没有变，是他自己变了：他的胆魄、思维模式都在模仿拿破仑，就连走路说话都像。

13 年后，也就是在他 55 岁的时候，他成了法国有名的成功人士。

这位法国人在吉普赛人那里得到点拨后，开始慢慢地改变自己，从而走上了成功的道路，有了自己的事业，成了亿万富翁。这说明，人随时随地都有改变境遇的可能，只要不迷失自己，勇敢地与自身挑战，战胜自己，那么，迎接你的将是一个更美好的未来。

一个人，无论身处何种境遇，起决定因素的只有你自己。你在困境中自暴自弃了，那只有痛苦和沉沦；你勇敢地面对现实，发挥自身的能量，你就能够最终走出困境。

第六章

做人要拿得起，放得下

社会竞争越激烈，越是要调整好自己的心态，更要调整好与他人的关系，做人要拿得起，放得下，绝对公平在这个世界上是不存在的，如果因为遭遇点不公而整天耿耿于怀，那么受苦的只会是你自己。因乐而为、因为而乐，拿得起、放得下的人生态度是一种释然、一种豁达。

不要为了迎合别人而活着

有个人一心一意想升官发财，可是从青丝熬到斑斑白发，却还只是个小公务员。这个人为此极不快乐，每次想起来就掉泪，有一天竟然号啕大哭起来。有人问他为什么这样难过。他说："我怎么不难过？年轻的时候，我的上司爱好文学，我便学着做诗、学写文章，想不到刚觉得有点小成绩了，却又换了一位爱好科学的上司。我赶紧又改学数学、研究物理，不料上司嫌我学历太浅，不够老成，还是不重用我。后来换了现在这位上司，我自认文武兼备，人也老成了，谁知上司又喜欢青年才俊，我……我眼看年龄渐高，就要退休了，一事无成，怎么不难过？"

可见，一个人如果没有自我的生活是苦不堪言的，没有自我的人生是索然无味的，丧失自我是悲哀的。要想拥有美好的生活，自己必须自强自立，拥有良好的生存能力。没有生存能力又缺乏自信的人，肯定没有自我。一个人若失去自我，就没有做人的尊严，就不能获得别人的尊重。

从前，有一个士兵当上了军官，心里甚是欢喜。每当行军时，他总喜欢走在队伍的后面。

一次在行军过程中，他的敌人取笑他说："你们看，他哪儿像一个军官，倒像一个放牧的。"军官听后，便走在了队伍的中间，他的敌人又讥讽他说："你们看，他哪儿像个军官，简直是一个十足的胆小鬼，躲到队伍中间去了。"军官听后，又走到了队伍的最前面，他的敌人又挖苦他说："你们瞧，他带兵打仗还没打过一个胜仗，就高傲地走在队伍的最前边，真不害臊！"军官听后，心想：如果什么事都得听别人的话，自己连走路都不会了。从那以后，他想怎么走就怎么走了。人要是没了自己的主见，经不起别人的议论，那么就会一事无成，最后都不知

该怎么办。我们若想活得不累，活得痛快、潇洒，只有一个切实可行的办法，就是改变自己，主宰自己，不再相信“人言可畏”。

我们每个人绝无可能孤立地生活在这个世界上，几乎所有的知识和信息都要来自别人的教育和环境的影响，但你怎样接受、理解和加工、组合，都要独立自主地去看待、去选择。谁是最高仲裁者？不是别人，而是你自己！歌德说：“每个人都应该坚持走为自己开辟的道路，不被流言所吓倒，不受他人的观点所牵制。”让人人都对自己满意，这是个不切实际、应当放弃的期望。我们周围的世界是错综复杂的，我们所面对的人和事总是多方面、多角度、多层次的。我们每个人都生活在自己所感知的经验现实中，别人对你的反映大多有其一定的原因和道理，但不可能完全反映你的本来面目和完整形象。别人对你的反映或许是多棱镜，甚至有可能是让你扭曲变形的哈哈镜，你怎么能期望让人人都满意呢？如果你期望人人都对你看着顺眼、感到满意，你必然会要求自己面面俱到。不论你怎么认真努力，去尽量适应他人，能做得完美无缺，让人人都满意吗？显然不可能！这种不切合实际的期望，只会让你背上一个沉重的包袱，顾虑重重，活得太累。

我们无法改变别人的看法，能改变的仅是我们自己。每个人都有自己的想法，每个人都有自己的看法，不可能强求统一。讨好每个人是愚蠢的，也是没有必要的。

要学会低调做人

放下身段，低调做人是一种生存策略，也是一种在现实中自我保护的手段。俗话说，枪打出头鸟。做人如果过于张扬，势必会引来别人的攻击，远不如保持低调，既可以赢得人缘，又可以自我保护。

低调做人，就是不招摇，不在别人面前锋芒毕露。凡事都做到心中有数，自己有本事要在最恰当的时候拿出来，即使成功也不骄傲。低调是做人的最佳心计，因为你不被算计，你不显山露水，那么你做什么事情都会很顺利，经过一段时期的积累，独立、坦然、自律，也就容易走向成功之路。而成功后更要保持低调，只有这样你才能有更大的成功。正如达·芬奇所言："微小的知识使人骄傲，丰富的知识使人谦逊，所以空心的禾秆高傲地举头向天，充实的禾穗却低头向着大地，向着它们的母亲。"

某公司有一位职员，在公司工作不足四个月，就选择了离开公司。一不是自己的能力达不到，二不是自己沟通处事的能力差，三不是在公司里无用武之地，那究竟是为什么呢？原来这位员工在从事自由研究之余，通过偶然的机会与这家公司的员工接触，他发现这位员工在介绍自己公司的产品时，说得有些不明不白，于是他就从沟通技巧的角度针对性地提了一些建议。没想到该公司的老板直接打电话邀请他面谈，而后，他意外地进入了这家公司。刚进入公司时，老板就要求他立即着手帮助解决他发现的问题，这就要求不仅要建立一些规则，还要打破一些规则。特别是后来由他来主管重新包装产品，在设计文案时，他发现他的顶头上司对他构成很大的阻力，因为他要大刀阔斧修改的原方案就是他上司设计的。于是，他很困惑，是该通过主动协调沟通争取把事情做好呢？还是放弃原则投其所好呢？当感觉阻力越来越大而被迫放弃时，其实他与上司的关系就显得有些微妙了。最后，他只好选择回避。他没有获得上司的真正配合与支持，这就为离职埋下了伏笔。

总的来看，这位员工在入职时就没有获得有利于他的环境。让自己暴露在一线，在众多的眼球注目下承担关键工作，那么无论你大显身手的结果如何，对自己都不太有利。你做好了，你是个人才，但这样一来总有人患上"红眼病"，以后不会与你配合；二来领导因为看中你，会

安排一些更有挑战性的事情让你做，这对一个还没有完全熟悉环境的人来说，事实上是拔苗助长，结果是害了自己。所以，低调做人，不仅是一种自我保护的策略，也是对人的一种尊重。

低调不是安贫乐道，也不是在物质短缺的时期所谓的“朴素”，更不是阿Q的“精神胜利法”，只有你的财富得到足够的积累，你才有可能在物质享受上保持低调。只有你在精神境界上有了足够的沉淀，你才有可能在精神生活上保持低调。并不是所有的成功者都会低凋。当然，在人面前肆意地享受成功，其实也是无可厚非的，刘邦说，如果富贵不回家乡，就是“锦衣夜行”，即使穿上好衣服也没有人看见，这种心态我们大多数人都有，毕竟取得巨大成功的人，一般不太可能甘心情愿保持低调。真正像法国著名的存在主义哲学家沙特那样拒绝领取诺贝尔奖金的人总是少数。固然，沙特这样的低调有点极端，我们普通人不可能做到，特别是在现代社会，高调可以创造名气，名气就是价值，谁能轻易放弃出名的机会？

成功难，成功的人保持低调更难。有品位的人不一定低调，有内涵的人也不一定低调，成熟的人也可以不低调，但是，反过来说，低调的人，更有品位，更有内涵，也更成熟。

抱怨不如改变

很多时候，一件事，一个人，就能令我们长时间地烦恼，或者悲伤。抱怨也就随之而来，情况则会变得更加糟糕。我们之所以抱怨，是因为不满，而不满多半是因为对别人的苛求。

之所以说是苛求，是因为别人的样子是你所不能改变的，比如你的老板脾气就是不好，你的同事说话就是有点让人难以接受，你的朋友吃饭的口味就是无法和你保持一致等。对这些，一些人选择了抱怨，但那能怎样呢？完全无济于事，不过是徒增自己的烦恼而已。

我们抱怨别人身上的某些缺点，甚至难以忍受，都是因为我们想改变别人，而事实上这并不可能。与其在抱怨中制造坏情绪，不如试着去改变自己，也许局势就会朝着有利于你的方向发展。

汉克斯毕业于美国的耶鲁大学，又在德国的佛莱堡大学拿到了硕士学位，是位矿冶工程师。他满怀信心地去找美国西部的大矿主赫斯特应聘，却遇到了麻烦。

矿主赫斯特是个脾气古怪又很固执的人，他自己没有文凭，也不相信那些文质彬彬又专爱讲理论的工程师。汉克斯递上自己的引以为傲的文凭，满以为老板会对他另眼相看，没想到赫斯特很不礼貌地对汉克斯说："对不起，我可不需要什么文绉绉的工程师。德国佛莱堡大学的硕士，你的脑子里装满了一大堆没有用的理论。"

汉克斯听了他的话，没有生气地扭头走人，而是故作神秘地说："假如你答应不告诉我父亲的话，我要告诉你一个秘密。"

赫斯特表示同意，于是汉克斯对赫斯特小声说："其实我在德国的佛莱堡并没有学到什么，那3年就是混日子。我之所以在那待到毕业，完全是因为我的父亲，他身体不太好，我不想惹他不高兴。"

赫斯特听了赞许地点点头说："好，那明天你就来上班吧。"

相信大多数人在遇到赫斯特这样一位顽固不化的老板，会愤愤地甩手走人，并且会向其他人抱怨自己曾遇到了一个多么可笑和固执的老板。汉克斯却没有这么做，他没有抱怨，而是随机应变，迎合了他的观点，最终得到了这份工作。这一点改变也完全没有影响到汉克斯在大学里学到的东西，关键在于他因此而得到了这份工作，也许我们不得不佩服他是聪明的。

抱怨纵然能解一时怒气，但是并不能解决问题，更不能让我们成为最后的赢家，所以，为了更长远的利益，抱怨别人不如改变自己。这是一个发生在美国新闻圈里的真实故事：

麦克是一家电视台的记者，颇有才华，白天采访财经路线，晚上播报 7 点半的黄金档，一切似乎都很圆满，偶然的一次，不小心得罪了他的顶头上司——新闻部主管。之后，他就被以不适合播报黄金档为由，改播深夜 11 点的新闻。

麦克知道这是新闻部主管给自己小鞋穿，但他没有反驳，更没有抱怨，而是欣然接受，他说："谢谢主管，因为我早盼望运用 6 点钟下班后的时间进修，却一直不敢提。"

从此麦克果然每天一下班就跑去进修，并在 10 点多赶回公司，准备夜间新闻的播报工作。他把每一篇新闻稿都先详细过目，充分消化，丝毫没有因为夜间新闻不那么重要，而有任何松懈。

由于麦克的认真和努力，他主持的夜间新闻受到了大家的好评，收视率也有了很大的提高。然后，就有观众不断写信问，为什么麦克只播深夜，不播晚间？消息终于传到了台长那里，台长找来了新闻部主管，责令他立刻将麦克调回 7 点半的黄金档。

麦克又回到了黄金档，但是很快新闻部主管让学财经出身的麦克改跑其他路线，这对跑财经已颇有名气的麦克，简直是一种侮辱。麦克不禁怒火中烧，但他强迫自己冷静下来，依然毫无怨言地接受了。

后来有一天，台长打电话给新闻主管说："明天有财经首长来公司晚宴，请麦克作陪。"

新闻部主管说："报告总经理，麦克已经不跑财经路线了。"

"他怎么能不跑财经路线呢？他不是学财经的吗？不跑也得来参加，他是专家，饭后由他作个专访。"

从此，每有财经界的重要人物来电视台，都由麦克作陪，并顺便专访。渐渐地同事们都议论说："看见没？麦克现在是大牌了，只有来了重要人物，才由他出面采访呢。”而接受麦克采访的人也都以此为荣，那些不是由麦克采访的人，则有了怨言。

“不能厚此薄彼，以后财经一律由麦克跑，别人不要碰。”台长又发话了。于是，新闻主管部不得不把麦克“请”回财经记者的位子。

整治麦克都不成功，让新闻主管很恼火。不久，他又拒绝了麦克提出的做益智节目要求，让他去制作一个新闻评论性的节目。大家都知道这类节目，通常是吃力不讨好，收入又不多，再加上新闻性节目要赶时间，非常麻烦。

但麦克仍然没有抱怨地接受了下来，别人都说他傻，他也不辩解，慢慢地节目上了轨道，有了名声，参加者都是一时的要人。台长见参加者常常都是重要官员，于是就要求亲自审核麦克制作的脚本。之后，麦克与台长当面讨论节目的机会多了，他也渐渐成了台里的热门人物。一年后，原来新闻部的主管调走了，麦克理所当然地接任了这个职位。

面对新闻部主管一次又一次地给自己小鞋穿，麦克都没有抱怨，而是更加的努力，终于凭借自己的实力，成了最后的赢家。如果麦克只是抱怨，那么他也许早就被新闻部主管整走了，哪里还有后来的成绩？

当然，面对别人的刁难，尤其是领导故意和你过不去，那实在是让人难以忍受的，有所怨言也是理所当然的，可是，那也注定难成大事。不如改变自己，去适应环境，进而赢得脱颖而出的机会。

人生感悟

身处社会，就要与形形色色的人打交道，显然并不是每个人都如我们期望的样子，甚至他们会为了某个目的而不择手段，我们奈何不了，抱怨更是无济于事，不如学会忍耐，改变自己，去赢得机会。

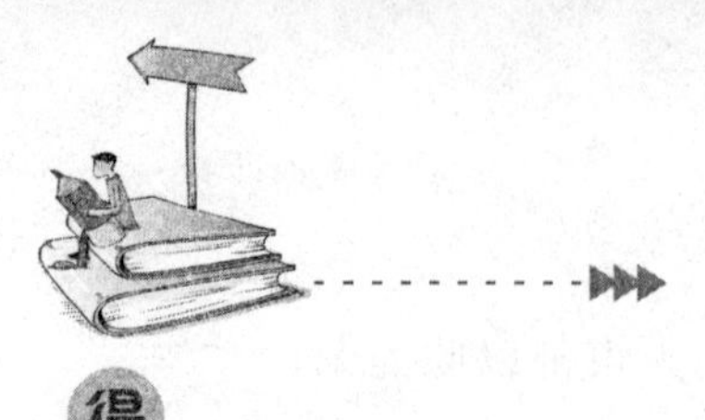

己所不欲，勿施于人

自己不想做的事，没必要强加给别人去做，凡事要留有余地，给自己留条退路，就是给找条出路。

有一天，孔子的学生子贡问老师："有没有一个字可以作为终生奉行不渝的法则呢?"孔子回答："其恕乎！己所不欲，勿施于人。"这里的"恕"是凡事替别人着想的意思。其意是，自己不喜欢做的事，不要加在别人身上。这句话可视作待人处事的基本修养，如能做到这一点，在交往中，你会给自己和他人都留下进退的余地，这样就可以建立良好的人际关系。

战国时魏国与楚国交界，两国在边境上各设界亭，亭卒们也都在各自的地界里种了西瓜。魏亭的亭卒勤劳，锄草浇水，瓜秧长势极好，而楚亭的亭卒懒惰，不事瓜事，瓜秧又瘦又弱，与对面瓜田的长势简直不能相比。楚亭的人觉得失了面子，有一天乘夜无月色，偷跑过去把魏亭的瓜秧全给扯断了。魏亭的人第二天发现后，气愤难平，报告给边县的县令宋就，说我们也过去把他们的瓜秧扯断好了！宋就说："这样做显然是很卑鄙的！可是我们明明不愿他们扯断我们的瓜秧，那么为什么再反过去扯断人家的瓜秧？别人不对，我们再跟着学，那就太狭隘了。你们听我的话，从今天起，每天晚上去给他们的瓜秧浇水，让他们的瓜秧长得好，你们这样做的时候，一定不可以让他们知道。"魏亭的人听了宋就的话后觉得有道理，于是就照办了。楚亭的人发现自己的瓜秧长势一天好似一天，仔细观察，发现每天早上地都被人浇过了，而且是魏亭的人在黑夜里悄悄为他们浇的。楚国的边县县令听到亭卒们的报告，感到十分惭愧又十分敬佩，于是把这件事报告了楚王。楚王听说后，也感于魏国人修睦边邻的诚心，特备重礼送魏王，既以示自责，亦以示酬谢，结果这一对敌国成了友好的邻邦。

宋就在智慧谋略方面的“心机”，显然高于那些亭卒，正是因为他懂得“己所不欲，勿施于人”的道理。

宽恕别人就是宽恕自己。这样可以造成一种重大局、尚信义、不计前嫌、不报私仇的氛围，以及成就双方宽广而又仁爱的胸怀。至于日常生活的处理，又何尝不是这样？尤其是对初涉世事的青年来说，由于一切茫然无知，总是时时处处小心翼翼，左顾右盼地想找出人事上的参照物来规范自己，约束自己，这种反应当然是正常的。但殊不知有时以此处世，反而会导致初衷与结果的南辕北辙。因为在各人的眼中，自己的位置是各不相同的，并没有统一的标准可以提供给你。所以，不妨就按照“己所不欲，勿施于人”的原则，反求诸己，推己及人，则往往会有皆大欢喜的结果。自私自利之人，往往不懂得推己及人的道理，往往毫无顾忌地损害他人的利益，把苦转嫁到旁人身上。以这种方式处世，走到哪里，被人骂到哪里，真正是既损人又损己。

只有把雨花石浸入放了清水的白瓷盆里，它才会晶莹剔透，荡漾出奇妙的图案、斑斓的色彩、精美的花纹。这清水和瓷盆，就是一种人生不可缺少的智慧。

善于与人合作

每一个人，在做事情之前，都会把付出和付出之后的回报做一个权衡。这是人与人之间的维持合作的一种需要。合作是双方基于共同的利益或是各取所需，才能够更进一步的合作。合作的每一方都要考虑的问题是你能够给对方什么，你能从对方身上得到什么？那就是自己的工作特色。

李婷是一家连锁超市的打包员。像其他结账员一样，她的工作很简单，就是每天刷卡结账，为顾客打包。但是，店里发主子一种奇怪的现象：无论在什么时间，李婷的结账台前排队的人总要比其他账台多好多倍。而且，大家都耐心地等待，没有要去人少的账台结账的意思。值班经理很不理解，不得不对顾客说："大家排成几队，请不要都挤在一个地方。"

但是，顾客们却没有人听他的，都异口同声地说："我们都排李婷的队，因为我们想要她的每日一得……"

原来，李婷是一个在工作中非常用心的人。她习惯了自己寻找的"每日一得"，而且觉得它们对她的生活很有启迪和帮助，就想和大家一起分享，让顾客也带着她的心得回家。于是，她就把它们输入到计算机，再打印好多份，在每一份背面都签上自己的名字。顾客在第二天购物时，就会幸运地得到那些写着温馨有趣或发人深省的"每日一得"纸条。

无论是哪一种合作对于成功都是非常有益的，有一家食品公司的董事长艾丽推出了一种新的制度叫做"多重管理计划"，这一计划后来被很多公司效仿。这一政策的精神实质就在于"团队合作"。艾丽大学刚毕业，就从他父亲手中接下这家公司。开始掌管公司事务，当时她基本还是个外行。但是，她非常聪明，善于借助他人的力量。她从总公司挑选了十几位有能力承担责任的年轻人，组成咨询董事会，来分担公司的经营责任。这些人有权利研究和讨论公司所做的任何事情。于是，就在接下来的短短一年半的时间里，这些年轻人的提议大多被公司采纳。"花花轿子人抬人"。艾丽把自己权力的大部分让给了别人，而对于被挑出来的人而言，他们的身份已经从一个被雇佣者变成了合作者。他们在这种身份下自己的价值得到了体现，因而，这种合作是注定成功的。有人这样描述说："一股能量和新观念被释放出来，这些认为自己是受到上司赞赏的员工，现在尝到了负责任的滋味，并且还吵着要负更多的责任。”艾丽趁热打铁，把同样的政策也应用到其他部门。

人生感悟

每个人的力量是有限的，但只要善于与人合作，取人之长，补己之短，就能互惠互利，让合作的双方都能从中受益。而且，合作的范围越广，合作的境界越高，生存的空间越大，获取的利益就越大。如果说合作是一种艺术的话，那么豁达的人就是这方面的艺术家。只要你能够运用自己与生俱来的天赋，就能把合作雕刻得淋漓尽致。

做人不要太较真

现实生活中，做人不要太较真，太较真容易得罪人，得罪一个人就是赌死一条财路。同时，你也不要耍小聪明，不要把别人当傻瓜。

在你的人生中，一定要避免伤害别人，不然，自己会受其害。生活本身就是一场战争，有朋友，也有敌人，任何人都不能回避这一现实。有的人自以为只要过自己的生活，走自己的路，便不容易树敌，但是，事情往往同他们的愿望背道而驰。因为，假如想依照自己的理想走完一生，他绝不可能随便与他人妥协。就个人来说，“独善其身”是一种高尚的品德，对别人来说，并不见得不是虚伪。所以，你在处世时，一定要有一套自己的看法。但尽管你说得多么正确，仍会有人持相反论调，倘若你不理会他们，一味坚持己见，你们之间必有摩擦。而且，这种摩擦也会日益增加，最后势必导致你们反目成仇。

你若想依自己的信念生活，那么，你应有一个认识，即不论身处何地，你的四周一定树满了敌人。

当然，真正的强者是不怕他的敌人的。就拿对待恶势力来说。也许你是位餐厅的经理，这一天恰巧有几位地痞流氓前来捣乱，向你索要钱财。作为一个坚强的人，你是不会轻易屈服的，这样也许你会被打个头破血流。可是你要想到，在你身后有严正的法律和捍卫法律的执行机关，下次这帮流氓再来时，你就通知法律机关，让警察来对付他们。因为对方是流氓，没有屈服的必要，更何况这种人就算你不愿与他们为敌，他们也不会放过你，你如持有这种看法，那是完全正确的。可是，这种正义的态度用在处世的立场，却不是聪明的方法。做任何一件事，如果抱着“对恶势力绝不妥协，绝不屈服”的态度，一定会伤害别人。假如你坚持下去，你就可能树立很多敌人。而且敌人愈多，对你愈不利。想成功的人一定要明白这个道理。

某公司的一位董事长，是位正直富有经验的人，最近听说辞职不干了，这让人大为惊讶。原来这家公司在讨论放弃一项工程竞标时，想以某种缓和的方法来解决。但是这位女董事长不赞成。她的理由是这样做会对不起与之有良好协作的公司甚至整个社会，她提出开明价单，进行公开竞标。这次“缓和”会议，正由于她的正义言辞而告吹。这位女董事长也被看成是“异端分子”，遭到了大多数人的抵制。迫于压力，这位女董事长只好辞职。其实，她的遭遇可以概括为：树敌太多，受到抵制。这件事告诉广大朋友：在生活中，切勿过分较真，留条生路给别人。做人不要耍小聪明，也不要把别人当傻瓜，更不要轻视任何一个人。无论什么人，都不要轻易得罪，不指望他能帮我们什么，但也不至于害我们，因为任何人总有用得着别人的时候。

做事业是一个细水长流的过程，不要指望一单业务赚很多钱，也不要想着一夜暴富。万丈高楼从地起，基础打好了，业务自然会源源不断地堆起来。

拿得起，更要放得下

在生活中，不顺心的事十有八九，要想做到时时顺心，就要做到放得下。

放得下是一种良好的心理状态与处世哲学，就算遇到“千斤重担压心头”时，也能把心理的重负卸掉，使自己过得轻松。

在人生的道路上，选择的艰难不在于“拿得起”，而在于“放得下”。然而，在现实生活中，一个人拥有的越多，就越难放下，这可能是世人常犯的通病。

这是一个值得人们深思的故事。在艾尔基尔这个地区，经常会有山里的猴子跑到农田去祸害庄稼，其实它们的目的很简单，无非是想储备一点粮食。对于这种情况，艾尔基尔这个地区采取了一种捕猴子的方法，就是农民们在家门口放一点米，诱惑猴子来拿。最奥妙的绝密在于，盛米的容器非常独特。那种瓶子的口很大，但瓶颈极细，一个猴子的爪子张着的时候可以伸进去，一旦它攥上拳头就出不来了。这个瓶子装着大把大把诱人的白米，猴子们夜里来偷米的时候，把它细细的爪子顺着那个瓶颈塞进去，抓起一把米的时候就出不来了。如果这个时候把米放下，爪子就能出来，但是没有一只猴子愿意这么做。这么多年来，世世代代相传，用这种细口的瓶子装米，每天晚上都可以捕到很多猴子，早上起来会看见一只一只猴子坐在那里，手里抓着一把米，在跟那个瓶子较劲，但是就是出不来。

你可能会嘲笑猴子：只要把手里的东西放下，不就可以全身而退了吗？为什么要死死抓住不放，让人捉到它呢？这就叫拿得起，放不下。不要说猴子，就人类而言，也常常是拿得起，放不下。

“放得下”说起来容易，做起来难。有的人追求功名，有的人追求利益，有的人追求权位，有的人追求爱情。在追求的过程中，人们往往都不愿意放下一些东西，却不知道，一个人拿得起是一种勇气，放得下是一种肚量。放下是一种睿智，它可以放飞心灵，可以还原本性，使人们享受人生。

拿得起放得下，是说一个人的心胸广阔，既勇于经事，能承担责任，又能够承受住因困难所造成的失败。只有放得下，才能拿得起。没有放下，只是一味地拿起，往往会失去更多。

有时候，放下会使你显得豁达豪爽，会使你赢得众人的信赖，会使你变得更加精明，更有气度，更具力量。

但凡做大事业的人，都不会计较一时的得失。他们都知道该何时放下，该如何放下，放下一些什么。懂得放下，就可以轻装前进；懂得放下，就可以摆脱烦恼和纠缠，使整个身心沉浸在轻松悠闲的宁静之中。

每个人命运的主宰，其实就是我们自己。如何做人，学习做人的主动权都掌握在自己手中。只要勇于克服人性弱点，拿得起放得下，我们就可以追求完美和辉煌的人生，达到成功的彼岸。

生活中，人们常常会遇到一些不顺心的事，如失恋、误解、做错事受到别人的指责……这时，有些人在心里总解不开，放不下，往往会感到很累，天天无精打采，不堪重负。所以，很多时候要学会“放下”。只有放得下，才能拿得起，千万不要太过执著，使自己背上沉重的包袱，压得自己喘不过气来。

其实，生活中不愉快的事情有很多，我们没有必要把它们挂在心上，要知道人生没有一帆风顺，更没有跨不过去的坎，多一些宽容，大度一些，挥挥手，笑一笑。只有经历生活的磨砺，才会有所收获！

泰戈尔说过一句话：“世界上的事最好就是一笑了之，不必用眼泪冲洗。”人生在世，就要学会放得下。放下失恋的痛楚，放下屈辱留下的仇恨，放下心中所有难言的负荷，放下费尽精力的争吵，放下对权力的角逐，放下对虚名的争夺……放下这些，就会获得另一番风景！

法国哲学家、思想家蒙田说："今天的放弃，正是为了明天的得到。"所以，在生活中，我们只有懂得放得下，才能拿得起。

佛家说，人生最大的幸福是放得下。在这个世界上，为什么有的人活得轻松，而有的人活得沉重？一个人如果能拿得起，放得下，就会活得轻松、快乐；如果拿得起，却放不下，就会活得沉重。所以说，人生最大的选择就是拿得起，放得下，只有这样，才会活得轻松而幸福！

在人生的道路上，或是鲜花，或是掌声，有处世经验的人大多是等闲视之，屡经风雨的人更有自知之明。在遇到挫折或灾难时，能不为之所动，坦然承受，这就是恢宏的胸襟和肚量。

哲学家狄更斯说："苦苦地去做根本就办不到的事情，会带来混乱和苦恼。"拿得起，实为可贵，放得下，才是人生处世的真谛。

有一个叫秦裕的奥运会柔道金牌得主，在连续获得 203 场胜利之后突然宣布退役，那时他才 28 岁，因此引起很多人的猜测，以为他出了什么问题。其实不然，秦裕是明智的，因为他感觉自己运动的巅峰状态已是明日黄花，而以往那种求胜的意志也迅速落潮，这才主动宣布撤退，选择当教练。应该说，秦裕的选择虽然若有所失，甚至有些无奈，从长远来看，却是一种如释重负、坦然平和的选择，比起那种硬充好汉者来说，他是英雄，因为他毕竟是消失于人生最高处的亮点上，毕竟给世人留下的是一个微笑。

在生活中，人们往往被自己的欲望搞得乌烟瘴气，手中的东西不想丢掉，却又要拿起更多的东西，到头来什么都得不到。

生活中，人们就是因为放不下，才有诸多的麻烦。有的人喜欢坚持"矢志不渝"的思想，守着最初的道路不放，如果你坚信的这条路是正确的，可以坚持原则；如果从实际出发，认为有悖原理，就应当毫不犹豫地退回来，去寻找其他的路，这才是明智之选。

有人说，苦苦地挽留夕阳的，是傻子；久久地感伤春光的，是蠢人。什么也不愿放下的人，常会失去更珍贵的东西。拿得起，固然可贵，放得下，才是人生处世的真谛，这是亘古不变的真理。

人生感悟

人生在世几十年，做人就要拿得起，放得下。拿得起在于不要随波逐流，保持着自我；放得下在于通达世故，使自己免于伤害。只有放得下，才能将拿起的东西更好地握住，才能抓住最重要的东西。只有这样，你的人生才会有一个更美好的结局。

没有百分之百的公平

社会存在着不公平，人生也存在不公平。我们不能改变不公平的事，为了能够更好地活下去，只有学着去接受。这个世界不会在乎你的自尊，而是期望你做出的成绩，再去强调自己的感受。所以，公平并不取决于是否得失对等，而是取决于均衡。

对于人生来说，公平是一个很让我们受伤的词语。因为每个人都会觉得自己受着不公平的待遇。事实上，这个世界上没有百分百的公平，你越想寻求百分百的公平，你就越觉得世界对自己不公平。所以，做人不必事事都拿着一把公平的尺子去衡量，否则就是自己和自己过不去。

一个人要求得发展，就要能够改变环境，支配自己的能力，来控制范围内的事物，这是人类前进的动力。在不愿向命运屈服的同时，就必须要求自己追求公平的最大化。

有一个猎人养了几条猎狗，猎人为了让猎狗给他捕获更多的猎物，他想出了一个好办法。凡是能够在打猎中捉到兔子的，就可以得到几根骨头，捉不到的就没有饭吃。于是，猎狗们纷纷努力追兔子，因为谁都不愿意没饭吃。刚开始，猎狗们都积极地为猎人捕获了大量猎物。

猎人开始沾沾自喜，他觉得这种方法很有效。猎人就是采用了打破绝对公平的方法去调动猎狗的积极性。然而，这位猎人却犯了一个错误，这种不公平的激励方法虽然能够调动猎狗的积极性，但是存在不舍理的地方。猎狗也不是傻子，它们很快就发现了猎人的漏洞。

聪明的猎狗还发现了一个问题，就是大兔子非常难捉，小兔子好捉。但捉到大兔子得到的奖赏和捉到小兔子得到的骨头差不多。猎狗们发现了这个窍门，都去捉小兔子。猎人对猎狗说："最近你们捉的兔子越来越小了，为什么？"猎狗们说："反正没有什么大的区别，为什么费那么大的劲去捉那些大的呢？"猎人经过思考后，决定不将捉到兔子与分骨头的数量挂钩，而是每过一段时间，就统计一次猎狗捉到兔子的总重量，按照重量决定猎狗在一段时间内的待遇。于是，猎狗们捉到兔子的数量和重量都增加了，猎人很开心。但是，过了一段时间猎人发现，猎狗们捉兔子的数量又少了，而且越有经验的猎狗，捉兔子的数量下降得越厉害。于是猎人又去问猎狗。猎狗们说："我们把最好的时间都奉献给了您，但是我们会越来越老，当我们捉不到兔子的时候，您还会给我们骨头吃吗？"猎人做了论功行赏的决定，分析与汇总了所有猎狗捉到兔子的数量与重量，规定如果捉到的兔子超过了一定的数量后，即使捉不到兔子，也可以得到一定数量的骨头。猎狗们都很高兴，大家都努力去达到猎人规定的数量。这时，其中一只猎狗说："我们这么努力，只得到几根骨头，而我们捉的猎物远远超过了这几根骨头，我们为什么不能给自己捉兔子呢？"于是，有些猎狗离开了猎人。

猎人希望打破公平的激励措施，来调动猎狗的积极性，从而让猎狗为自己尽心尽力效力。猎人想的是好事，可是，他始终没有处理好不公平与合理性的有效结合，所以，猎人的计划失败了。

这个世界不是根据公平的原则而创造的。例如，老鹰吃蛇，蛇又吃鼠，鼠又吃粮食……只要看看大自然就可以明白，这些受到威胁的弱者永远是不公平的，强者生存，弱者灭亡，优胜劣汰。如果一味地追求百分百的公平，只会导致心理上的失衡，使自己变得浮躁不安。

人生感悟

既然没有百分百的公平，我们就要摆正心态，不必事事苛求公平，否则那就是自己跟自己过不去。对生活中的小事看开一点，不要斤斤计较，对已经过去的事情不要耿耿于怀，应该把精力和时间放在创造新的价值上。

别给别人使绊

在现实生活中，有一些人就是看不得别人比自己强，如果有谁比他强，他就会想方设法找别人的茬，从中作梗，让别人活得比他还痛苦。可是，他不知在给别人制造麻烦的同时，隐患也会悄悄地找到自己。

为了得到自己想要的东西，有的人会不惜一切、不择手段去陷害他人，从而达到自己的目的。使坏心眼，使别人身陷困境，而在一旁看笑话，这样的人不用太得意，总有一天会得到报应。

在很久以前，有俩兄弟父母早亡，从此相依为命。后来，哥哥娶了个媳妇，这个女人心眼极坏，总是百般刁难小叔子，凡是家里的脏活累活都让小叔子一个人干，而好东西则留着两口子吃。

在这样的生活环境下，小叔子只能忍气吞声，将就着过日子。老二也长大了，娶了媳妇成了家。这时，嫂子更是容不得小两口跟着他们过，就与丈夫合计与老二两口子分家，分给老二家一些破罐子破碗，旧衣烂被，还有一间破草房，就这样把小两口打发出去了。

到了春耕的时候，老二家没有种子，只得向哥嫂借。可恶的嫂子耍坏心眼，夜里将借给老二家的一斗高粱种放在锅里给炒了！由于老二不知道，就高高兴兴地将借来的种子播到自己的田里。可一大片地只有一棵苗子，要不是老大家把锅台上的种子扫进去，就连这一棵也没有。不过这棵高粱苗长得出奇的大，到秋收的时候，老二就拿锯来锯。突然刮起了大风，把他刮进了一个山洞。山洞里有一个白胡子老道，老二刚要上前打听，老道就说："年轻人，你什么都不要说了，我知道你来是为了追回你的高粱穗，我看你就别要了，我收下你的高粱穗够我吃上一年半载的。"

老二说："你吃上一年半载，可我们吃什么呀？再说，我还得还嫂子一斗高粱啊！"

老道说："来来来，年轻人，先别理论，我请你吃饭，等吃完饭我送你一件宝贝，保证你吃穿不愁，还能还清你嫂子的债。"

老二将信将疑地坐在老道的对面。这时，老道从怀里掏出一个闪闪发光的金银棒，一端金色，另一端银色，同时还有一件闪闪发光的小盘子。老道左手端盘，右手拿棒，口中念念有词："敲敲金银棒，酒菜一起上。"一眨眼的工夫，满桌酒菜呈现在他们面前。"敲敲金银盘，茶饭端上来。"转眼间，热腾腾的大馒头和香喷喷的菊花茶就上来了。

老二惊得目瞪口呆，世间竟有这么神奇的宝贝！

这时老道又发话了："年轻人，这就是我要送给你的宝贝，赶紧吃饭吧，吃完就可以带上它回家了！"老二一听激动极了，三下五除二就吃完了。

临走时老道告诉他，这件宝贝只听从心肠好并且勤劳能干的人使唤，不到关键时刻不要轻易使用。

老二带上宝贝飞奔回家，把这喜讯告诉了媳妇，媳妇还不信呢！老二就当场做实验："敲敲金银棒，送来一斗好高粱！"唰！一斗高粱就出现在他们的八仙桌上。看到这种情况，两口子高兴极了！高兴之余，首先想到的是还债，等傍晚天黑时，老二端着那斗高粱去还嫂子。

嫂子怀疑是老二偷来的高粱，没有办法，老二只好把实情告诉了嫂子。哥嫂听说老二家有这么个宝贝，就想看看。拿在手里看过之后，他们就不想还了。

老二要不回来，就奉劝哥嫂："这件宝贝不能轻易用，只有关键时才能用。你们过日子不能光靠它，还得靠自己的双手。"说完就回家了。

这老二前脚走，老大后脚就插上门，开始敲起来："敲敲金银棒，酒菜一起上！"哗！他家的锅碗瓢盆全部打得粉碎，两口子顿时目瞪口呆。"敲敲金银盘，新房盖起来！"哗啦啦！自家的所有房屋都倒塌了，并将这两口子活活压死！

善恶必报是天理，害人终将害己。心术不正，对人使坏，自己也难逃天网，受到惩罚是必然的。孔子说："己所不欲，勿施于人。"一个人只有善待他人，坚守道德，才是保护自己的有效方法。

生活中，不要总想着给别人使绊，因为在给别人使绊的同时，也会伤害到自己。聪明反被聪明误，就是这个道理。自以为给别人使绊就可以随心所欲了，但事实并非如此，要知道天理昭彰，善恶必报，伤害了别人，报应是迟早的事。所以，我们在做人处事时，一定要诚实，脚踏实地，从而才会拥有快乐的生活。

不必凡事都争个明白

在现实生活中，有的人就是要事事争个明白，大有不争明白不罢休之势。可是这种做法往往会使自己陷入绝境，做人没有人缘，办事办不成。其实，人与人之间本来就存在着各种差异，出现矛盾也在所难免。聪明的人总会懂得求同存异，大事化小，小事化了，不与人争执。这样不仅给人以好感，而且一些难办的事也会因此而好办。

人生本来就是真真假假，是是非非，说不清道不明的。抱着一颗包容的心去对待身边的人和事，就会过得快乐、开心。如果你非要争个明白，最后恐怕吃亏的还是你自己。

在意大利卡塔尼山的叙拉古郊外有一块墓碑，考古学家认为，这可能是柏拉图为他的学生托比立的。

碑上刻有碑文，意思大概是这样的：托比从雅典去叙拉古游学，经过卡塔尼山时，发现了一只老虎。进城后，他对别人说，卡塔尼山上有一只老虎。城里没有人相信他．因为在卡塔尼山从来没人见过老虎。托比坚持说见到了老虎，并且是一只非常雄壮的虎。可是无论他怎么说，就是没人相信他。最后，托比只好说：“那我带你们去看，如果见到了真正的老虎，你们总该相信了吧?”托比为了证实自己所说的是真的，就带领着人去了山上。

这时，柏拉图的几个学生就跟着上山。但是把整个山转遍了，连老虎的一根毫毛都没有发现。托比对天发誓，说他确实在这棵树下见到了一只老虎。跟去的人就说：“你的眼睛肯定被魔鬼蒙住了，你还是不要说见到老虎了，不然城邦里的人会说叙拉古来了一个撒谎的人。”

托比很生气地回答：“我怎么会是一个撒谎的人呢？我真的见到了一只老虎!”在接下来的日子里，托比为了证明自己的诚实，逢人便说他没有撒谎，他确实见到了老虎。可是说到最后，人们不仅见了他就躲，而且背后都叫他疯子。托比来叙拉古游学，本来是想成为一个有学问的人，现在却被认为是一个疯子和撒谎者，这实在让他不能忍受。为了证明自己确实见到了老虎，在到达叙拉古的第十天，托比买了一支猎枪来到卡塔尼山。他要找到那只老虎，并把那只老虎打死，带回叙拉古，让全城的人相信他并没有说谎。

可是这一去，他再也没有回来。三天后，人们在山中发现一堆破碎的衣暇和托比的一只脚。经城邦法官验证，他是被一只重量至少在500磅左右的老虎吃掉的。托比在这座山上确实见到过一只老虎，他真的没有撒谎。

托比没有撒谎，但是他为了跟人争个明白，结果把自己的性命丢掉了。如果他不去向人们证明他是对的，或许就不会发生这种悲剧了。

人活在这个世界上，有很多事是无法预料的。只要我们遵守规律办

事，就可以避免悲剧发生，无论是自然界的，还是人与人之间的交往都是如此。不必凡事都要争个明白，放下心中的那份“执著”，我们的生活就会变和更加美好！

当两个人发生争执时，每个人往往都是坚持自己的想法或意见，无法将心比心、设身处地去考虑别人的想法。不懂得站在别人的立场为他人着想，发生冲突与争执就在所难免了。在遇到情况时，如果能够善解人意，不单单考虑自己是对的，而是先站在别人的立场上考虑，那么，很多冲突与争执就可以避免了。

凡事太较真，就会使自己无形中背上枷锁，体会不到生活的乐趣。如果想轻松、快乐地生活，就应该学会放下，不要让繁琐的事干扰你的生活，过自己想过的生活，做自己想做的事。最关键的还是要放下心中的包袱，心灵上的轻松才是快乐的源泉！

知己知彼不容易

一位少年去拜访年长的智者。

他问：我如何才能变成一个自己愉快，也能够给别人愉快的人呢？

智者笑着望着他说：“孩子，你有这样的愿望，已经是很难得了。很多比你年长的人，从他们问的问题本身就可以看出，不管给他们多少解释，都不可能让他们明白真正重要的道理，就只好让他们那样好了。”

少年满怀虔诚地听着，脸上没有丝毫得意之色。

智者接着说：“我送给你四句话。第一句话是，把自己当成别人。

你能说说这句话的含义吗?”

少年回答说：“是不是说，在我感到忧伤的时候，就把自己当成是别人，这样痛苦就自然减轻了；当我欣喜若狂之时，把自己当成别人，那些狂喜也会变得平淡中和一些?”

智者微微点头，接着说：“第二句话，把别人当成自己。”

少年沉思一会儿，说：“这样就可以真正同情别人的不幸，理解别人的需求，而且在别人需要的时候给予恰当的帮助。”

智者两眼发光，继续说道：“第三句话，把别人当成别人。”

少年说：“这句话的意思是不是说，要充分地尊重每个人的独立性，任何情形下都不可侵犯他人的核心领地?”

智者哈哈大笑：“很好，很好，孺子可教也。第四句话是，把自己当成自己。这句话理解起来太难了，留着你以后慢慢品味吧。”

少年说：“这句话的含义，我一时体会不出。但这四句话之间有许多自相矛盾之处，我怎样才能把它们统一起来呢?”

智者说：“很简单，用一生的时间去阅历。”

少年沉默了很久，然后叩首告别。

后来少年变成了壮年人，又变成了老人。再后来在他离开这个世界很久以后，人人都还时时提到他的名字。人们都说他是一位智者，因为他是一个愉快的人，而且也给了每一个见到过他的人愉快。

能够认识别人，是一种智慧；能够被别人认识，是一种幸福；能够自己认识自己就是圣者贤人。人最难的是正确认识自己，能够清醒地做到这一点，也就近乎于一个纯粹完美的人。

生活中，许多人因为不能正确认识自己，而陷于自卑或者自大的误区，因为不能正确认识别人，而常常莽撞地冒犯别人，不知道如何与别人相处。

第七章

人生道路需要设计

人生就像是一次探险，在征途中，我们会遇到一个个美丽的诱惑，而这时我们不能惊慌，不能迷惑，更不能贪婪，唯有在心头点燃一根火柴，点亮人生的希望。我们要对自己的人生进行设计与规划，确定人生方向和目标，然后朝着这个目标义无反顾的坚持下去，直至找到属于自己的那方乐土。

找准人生的坐标

一个人怎样给自己定位，将决定他一生成就的大小。志在顶峰的人不会落在平地，甘心做奴隶的人永远也不会成为主人。

一位智者说，即使是最弱小的生命，一旦把全部精力集中到一个目标上也会有所成就。而最强大的生命如果把精力分散开来，最终也会一事无成。

你可以长时间卖力工作，而且你创意十足、聪明睿智、才华横溢，甚至好运连连——可是，如果你无法在创造过程中给自己正确定位，不知道自己的方向是什么，一切都会徒劳无功。

所以说，你给自己定位什么，你就是什么，定位能改变人生。

一个乞丐站在路旁卖橘子，一名商人路过，向乞丐面前的纸盒里投入几枚硬币后，就匆匆忙忙地赶路了。

过了一会儿，商人回来取橘子，说："对不起，我忘了拿橘子，因为你我毕竟都是商人。"

几年后，这位商人参加一次高级酒会，一位衣冠楚楚的先生向他敬酒致谢，并告知说他就是当初卖橘子的乞丐。而他生活的改变，完全得益于商人的那句话：你我都是商人。

这个故事告诉我们：你定位于乞丐，你就是乞丐；当你定位于商人，你就是商人。

定位决定人生，定位改变人生。

汽车大王福特从小就在头脑中构想能够在路上行走的机器，用来代替牲口和人力，而全家人都要他在农场做助手，但福特坚信自己可以成为一名机械师。于是他用一年的时间完成别人要三年的机械师培训，随

后他花两年多时间研究蒸汽原理，试图实现他的梦想，但没有成功。随后他又投入到汽油机研究上来，每天都梦想制造一辆汽车。他的创意被发明家爱迪生所赏识，邀请他到底特律公司担任工程师。经过十年努力，他成功地制造了第一部汽车引擎。福特的成功，完全归功于他的正确定位和不懈努力。

迈克尔在从商以前，曾是一家酒店的服务生，替客人搬行李、擦车。有一天，一辆豪华的劳斯莱斯轿车停在酒店门口，车主吩咐道："把车洗洗。"迈克尔那时刚刚中学毕业，从未见过这么漂亮的车子，不免有几分惊喜。他边洗边欣赏这辆车，擦完后，忍不住拉开车门，想上去享受一番。这时，正巧领班走了出来，"你在干什么？"领班训斥道，"你不知道自己的身份和地位？你这种人一辈子也不配坐劳斯莱斯！"

受辱的迈克尔从此发誓："这一辈子我不但要坐上劳斯莱斯，还要拥有自己的劳斯莱斯！"这成了他人生的奋斗目标。许多年以后，当他事业有成时，果然买了一辆劳斯莱斯轿车。如果迈克尔也像领班一样认定自己的命运，那么，也许今天他还在替人擦车、搬行李，最多做一个领班。目标对一个人一生是何等重要啊！

在现实中，总有这样一些人：他们或因受宿命论的影响，凡事听天由命；或因性格懦弱，习惯依赖他人；或因责任心太差，不敢承担责任；或因惰性太强，好逸恶劳；或因缺乏理想，混日为生……总之，他们给自己定位低调，遇事逃避，不敢为人之先，不敢转变思路，而被一种消极心态所支配，甚至走向极端。

人生感悟

成功的含义对每个人都可能不同，但无论你怎样看待成功，你必须有自己的定位。我们的人生需要规划，成功的道路需要设计，在我们实现自己人生规划的同时，请一定给我们的人生一个定位，因为它决定着我们是否能实现我们的目标。

选好人生路

漫漫人生路，但并不是每条都适合你去走，你一旦选择错了，也许你一生都难以过得顺畅。

两个乡下人，外出打工。一个去深圳，一个去北京。在候车厅等车时，听到议论说：深圳人精明，外地人问路都收费；北京人质朴，见吃不上饭的人，不仅给馒头，还送旧衣服。

去深圳的人想，还是北京好，挣不到钱也饿不死，幸亏车还没开，不然真掉进了火坑。

去北京的人想，还是深圳好，给人带路都能挣钱，还有什么不能挣钱的？我幸亏还没上车，不然真失去一次致富的机会。

于是他们在退票处相遇了而且相互交换了车票。于是，原来要去北京的得到了深圳的票，去深圳的得到了北京的票。

去北京的人发现，北京果然好。他初到北京的一个月，什么都没干，竟然没有饿着。不仅银行大厅里的矿泉水可以白喝，而且大商场里欢迎品尝的点心也可以白吃。

去深圳的人发现，深圳果然是一个可以发财的城市。干什么都可以赚钱，带路可以赚钱，开厕所可以赚钱，弄盆凉水让人洗脸可以赚钱，只要想点办法，再花点力气就可以赚钱。凭着乡下人对泥土的感情和认识，他不久就在郊区的农田里装了十包含有沙子和树叶的土，以“营养土”的名义，向不见泥土而又爱花的深圳人兜售。当天他在城郊间往返5次，净赚了100元钱。一年后，凭“营养土”他竟然在深圳拥有了一间小小的门面。在长年的走街串巷中，他又有一个新的发现：一些商店楼面亮丽而招牌较黑，一打听才知是清洗公司只负责洗楼不负责洗招牌。他立即抓住这一空档，买了些人字梯、水桶和抹布，办起了一个小型清洗公司，专门负责擦洗招牌。如今他的公司已有150多个职员，业务也由深圳一隅发展到沿海省份十几个城市。

前不久，他坐火车去北京考察清洗市场，在北京站，一个捡破烂的人把头伸进软卧车厢，向他要一只可乐易拉罐。就在此时两人都愣住了，因为就在几年前，他们曾换过一次票。

虽然说选择常能决定命运，但真正决定人命运的还是自己的心态和努力。以上两人同样都选择大城市发展，一个人靠自己的努力闯出了一片天下，另一个人却沦落到拾破烂为生。不能不说是他们不同的心态导致选择不同的人生道路。

确定方向后就勇往直前

如果你能确定自己是正确的，就要勇往直前走下去，而不要犹豫不决，也不要太在意别人的看法。

约翰·莱特福特不但是个博士，而且当过英国剑桥大学副校长。在达尔文出版《物种起源》这部名著前夕，他郑重指出：“天与地，在公元前4000年10月23日上午9点诞生。”

狄奥尼西斯·拉多纳博士生于1793年，曾任伦敦大学天文学教授。他的高见是：“在铁轨上高速旅行根本不可能，乘客将不能呼吸，甚至将窒息而死。”

1786年，莫扎特的歌剧《费加罗的婚礼》初演，落幕后，拿波里国王费迪南德四世坦率地发表了感想："莫扎特，你这个作品太吵了，音符用得太多了。"

国王不懂音乐，我们可以不苛责，但是美国波士顿的音乐评论家菲力普·海尔，于1873年表示："贝多芬的第七交响乐，要是不设法删减，早晚会被淘汰。"

乐评家也不懂音乐，但是音乐家自己就懂音乐吗？柴可夫斯基在他1886年10月9日的日记里说："我演奏了勃拉姆斯的作品，这家伙毫无天分，眼看这样平凡的自大狂被人尊为天才，真教我忍无可忍。"

有趣的是，乐评家亚历山大·鲁布，1881年就事先替勃拉姆斯报了仇。他在杂志上撰文表录"柴可夫斯基一定和贝多芬一样聋了，他运气真好，可以不必听自己的作品。"

1962年，还未成名的披头士合唱团，向英国威克唱片公司毛遂自荐，但是被拒绝。公司负责人的看法是："我不喜欢这群人的音乐，吉他合奏已经太落伍了。"

你听说过艾伦斯特·马哈吗？他曾任维也纳大学物理学教授。他说"我不承认爱因斯坦的相对论，正如我不承认原子的存在。"

爱因斯坦对以上批评并不在意，因为早在他10岁于慕尼黑念小学的时候，任课老师就对他说："你以后不会有出息。"

严格说来，遭人反对、小看不是坏事，这可以提醒我们争取进步。可是，人身攻击就令人难以忍受了。

法国小说家莫泊桑，曾被人批评为："这个作家的愚蠢，在他眼睛里表露无遗。那双眼珠，有一半陷入上眼皮，如在看天，又像狗在小便。他注视你时，你会为了那愚蠢与无知，打他一百记耳光仍觉吃亏。"

就算西方文学的宗师莎士比亚，也曾被人恶意攻击。以日记文学闻名的法国作家雷纳尔，1896年在日记中说："第一，我未必了解莎士比亚；第二，我未必喜欢莎士比亚；第三，莎士比亚总是令我厌烦。"1906年，他又在日记中说："只有讨厌完美的老人，才会喜欢莎士比亚。"

这位雷纳尔先生爱说俏皮话，他在1906年的日记中说：“你问我对尼采有何看法？我认为他的名字里赘字太多。”连名字都有毛病，文章如何自不待言。

英国作家王尔德也以似通不通的修辞技巧，批评萧伯纳说：“他没有敌人，但是他的朋友都深深地恨他。”

思想家卢梭54岁那年，即1766年，被人讽刺为：“卢梭有一点像哲学家，正如猴子有点像人类。”

这些被批评和讥讽的人士的作品后来都被证明是多么的伟大。如果他们当时被批评和嘲笑所打倒，那么世界艺术长河中将失去许多璀璨的明珠。他们没有受别人的影响，因为他们坚信自己、坚信自己的成就，并且勇往直前地做下去了。

戴维·克罗克特有一句很简单的座右铭：“确定你是对的，然后勇往直前。

每一个人，无论是小人物还是大人物，总有遭人批评的时刻。事实上，越成功的人，受到的批评就越多。只有那些什么都不做的人，才能免遭别人的批评。真正的勇气就是秉持自己的信念，而不受别人的支配。

选定最适合自己的舞台

人生有各种各样的舞台，但最能展现你才华的舞台却只有一个。只有准确地选择了这个舞台，你的才华才能得到施展，从而实现自己的人生梦想。

伟大的抽象派画家毕加索说："准确地选择，你的才华就会得到更好的发挥。"

世界三大男高音之一的歌唱家帕瓦罗蒂，就是因正确的人生选择而充分地向人们展示了他歌唱方面的才华。

帕瓦罗蒂 1935 年出生在意大利的一个面包师家庭。他的父亲是个歌剧爱好者，他常把卡鲁索、吉利、佩尔蒂莱的唱片带回家来听，耳濡目染，帕瓦罗蒂也喜欢上了唱歌。

小时候的帕瓦罗蒂就显示出了唱歌的天赋。

长大后的帕瓦罗蒂依然喜欢唱歌，但是他更喜欢孩子，并希望成为一名教师。于是，他考上了一所师范学校。在学习期间，一位名叫阿利戈·波拉的专业歌手收帕瓦罗蒂为学生。

临近毕业的时候，帕瓦罗蒂问父亲："我应该怎么选择？是当教师呢，还是成为一名歌唱家？"他的父亲这样回答："卢西亚诺，如果你想同时坐两把椅子，你只会掉到两把椅子之间的地上。在生活中，你应该选定一把椅子。准确地说，你只能选定一个能够发挥你才华的舞台。"

听了父亲的话，帕瓦罗蒂选择了教师这个职业。不幸的是，初执教鞭的帕瓦罗蒂缺乏经验，没有权威。学生们就利用这点捣乱，最终他只好离开了学校。于是，帕瓦罗蒂又选择了另一个舞台——唱歌。

17 岁时，帕瓦罗蒂的父亲介绍他到"罗西尼"合唱团，他开始随合唱团在各地举行音乐会。他经常在免费音乐会上演唱，希望能引起某个经纪人的注意。

可是，近七年的时间过去了，他还是个无名小辈。眼看着周围的朋友们都找到了适合自己的位置，也都结了婚，而自己还没有养家糊口的能力，帕瓦罗蒂苦恼极了。偏偏在这个时候，他的声带上长了个小结。在菲拉拉举行的一场音乐会上，他就好像脖子被掐住的男中音，被满场的倒彩声轰下台。

失败让他产生了放弃的念头。

冷静下来的帕瓦罗蒂想起了父亲的话，于是他坚持了下来。几个月后，帕瓦罗蒂在一场歌剧比赛中被选中于1961年4月29日在雷焦埃米利亚市剧院演唱著名歌剧《波希米亚人》，这是帕瓦罗蒂首次演唱歌剧。演出结束后，帕瓦罗蒂赢得了观众雷鸣般的掌声。

第二年，帕瓦罗蒂应邀去澳大利亚演出及录制唱片。1967年，他被著名指挥大师卡拉扬挑选为威尔第《安魂曲》的男高音独唱者。

从此，帕瓦罗蒂的声名日高，成为国际歌剧舞台上的最佳男高音。

成功在于在不断地选择中选对了自己施展才华的方向，一个人如何去体现他的才华，就在于他要选对人生奋斗的方向，在适合自己的舞台上施展抱负。

条条大路通罗马

人生道路千万条，条条都能通“罗马”，每条路都是我们的选择之一。所以，一旦这条路行不通，不要犹豫，立即换一条路，即使这条道上行人稀少、环境恶劣，但它往往就是通向成功宝殿的大门。行行出状元，在无力接受某一课程时，千万不要强求自己，否则只会越来越糟，耽误时间不说，还耽误了美好前程。

一位叫王丽的姑娘，长得端庄、秀丽，她表姐是外企职工，收入颇高，工作环境也很好，她对王丽的影响很大。王丽也想走进这个阶层，无奈她的外语太差，单词记不住，语法也总是弄不懂。马上要面临高考了，她想报考外语专业，可越急越学不好。她整天想着白领阶层的生活，不知不觉沉浸其中。

她将所有时间都押在外语上了，其他课目全部放弃。由于只有一条路，她更担心一旦考不上外语系，那就全完了。整天就想着考上以后的生活，考不上又怎么办，而全无心思专心学习。

虽然“白日梦”是青春期常见的心理现象，但整天沉醉于其中的人，往往是那些对现状不满意又无力改变的人。因为“白日梦”可以使人暂时忘记不如意的现实，摆脱某些烦恼，在幻想中满足自己被人尊敬、被人喜爱的需要，在“梦”中，“丑小鸭”变成了“白天鹅”。

做美好的梦，对智者来说是一生的动力，他们会由此梦出发，立即行动，全力以赴朝着这个美梦发展，一步步努力使梦想成真。但对于弱者来说，“白日梦”不啻于一个陷阱，他们在此处滑下深渊，无力自拔。

如何走出深渊呢？首先，要有勇气正视不如意的现实，并学会管理自己。这里教给你一个简单而有效的方法，就是给自己制定时间表。先画一张周计划表，把一天至少分为上午、下午和晚上三格，然后把你在这一周中需要做的事统统写下来，再按轻重缓急排列一下，把它们填到表格里。每做完一件事情，就把它从表上划掉。到了周末总结一下，看看哪些计划完成了，哪些计划没有完成。这种时间表对整天不知道怎么过的人有独特的作用，因为当你发现有很多事情等着做，而且做完一件事就有一种踏实的感觉时，就比较容易把幻想变为行动了。你用做事挤走了幻想，并在做事中重塑了自己，增强了自信。

梦是美好的，但毕竟是梦。与其在美梦中遐想，不如另辟他途，走出一条适合自己的路，所以该放弃就放弃，千万不要有丝毫的犹豫和留恋，迅速踏上另一条通向“罗马”的旅途。

放下身份，路越走越宽

有一位研究生，在校时成绩很好，大家都很看好他，认为他必将有一番了不起的成就。后来，他是有了成就，但既不是高官也不是老总，而是卖米线卖出了成就。

原来他是在毕业后不久，得知家乡附近的夜市有一个过桥米线的小摊要转让，他那时还没找到工作，就向家人“借钱”，把它买了下来。因为他对烹饪很有兴趣，便自己当老板，卖起米线来。他的研究生身份曾招来很多不以为然的眼光，却也为他招来不少生意。他自己倒从未对自己学非所用及高学低用产生过怀疑。

现在呢，他还在卖米线，但也搞投资，钱赚得比一般人不知多多少倍。

“要放下身份，不要被面子所左右。”这是那位同学的口头禅和座右铭。

放下身份，路会越走越宽。

那位同学如果不去卖米线或许也会很有成就，但无论如何，他能放下研究生的身份，还是很令人佩服的。你不必学他非得去做类似的事情不可，但在必要的时候，实在需要有他的勇气。

人的“身份”是一种“自我认同”，并不是什么不好的事，但这种“自我认同”也是一种“自我限制”，也就是说：“因为我是这种人，所以我不能去做那种事。”而自我认同越强的人，自我限制也越厉害。千金小姐不愿意和她的女佣同桌吃饭，博士不愿意当基层业务员，高级主管不愿意主动去找下级职员，知识分子不愿意去做“不用知识”的工作……他们认为，如果那样做，就有损他的身份和面子。

其实这种“身份”只会让人路越走越窄。不是说有“身份”的人就不能有得意的人生，但我们相信，在非常时刻，如果还放不下身份，那么只会让自己无路可走。像博士如果找不到工作，又不愿意当业务员，那只有挨饿；只有放下身份，路才会越走越宽。

你如果想在社会上走出一条路来，那么就要放下身份，也就是：放下你的学历、放下你的家庭背景、放下你的身份和面子，让自己回归到一个普通人，甚至比普通人更为谦虚。同时，也不要在乎别人的眼光和批评，做你认为值得做的事，走你认为值得走的路。

如果你在追求成功，你就要放下你的身份，不管以前的你多么高大、多么辉煌，都应该努力使自己心态平静，有从零开始做的准备，只要这样，你才能在竞争中求得生存。我们是自己人生的设计师，所以我们要对自己的人生负责，既然已经确定目标，那么不管艰难险阻，唯有为之拼搏。

学会规划自己的人生

一位专家在给学生们讲课。“我们来做个小试验。”专家拿出一个一加仑的广口瓶放在桌上。随后，他取出一堆拳头大小的石块，把它们一块一块地放进瓶子里，直到石块高出瓶口再也放不下了。他问学生们：“瓶子满了吗？”所有的学生应道：“满了。”

“真的吗？”专家说道。说着他又取出一桶砾石，倒了一些进去，并敲击玻璃瓶壁使砾石填满石块间的间隙。“现在瓶子满了吗？”这一次学

生有些明白了，“可能还没有。”一位学生应道。“很好！”接着专家又拿出一桶沙子，把它慢慢倒进玻璃瓶。沙子填满了石块的所有间隙。

他又一次问学生：“瓶子满了吗？”“满了！”学生们又如第一次那样肯定说。专家听了，拿过一壶水倒进玻璃瓶直到水面与瓶口齐平。学生们看了，又都沉默了。

这个例子告诉我们一个道理：“如果你不先把大石块放进瓶子里，那么你就再也无法把它们放进去了。那么，什么是你生命中的‘大石块’呢？你的信仰、志向、学识……切记我们应先处理这些‘大石块’，否则会终生错过。”

寻找生命中的“大石块”的过程其实是一个自我规划的过程。在我们逐渐成长的过程中，我们生命中的“大石块”会越来越多，亲情、爱情、友情、事业、金钱、名利、虚荣……我们肩头的担子逐渐地加重了。乍一想，似乎这些都是我们生命中的“大石块”，我们不舍得割舍其中的任意一个，于是我们只好背着所有的“石块”上路。

为什么我们不能挑选合适的“石块”上路呢？是因为我们的欲望，我们总是需要太多的东西。让我们试着在下面这个故事中把那些对于我们来说不算重要的“石块”丢掉吧！

有五个人在天堂里争辩什么是人生最重要的东西。

第一个人指着头说：“理性才是最重要的。”

第二个人指着胸说：“爱才是最重要的。”

第三个人指着胃说：“食物才是最重要的。”

第四个人则说：“性才是最重要的。”

第五个人说：“你们说的都不对，因为宇宙间的一切都是相对的。”

上帝笑着说：“你们说一个活着的人如果得知自己下一秒就要死去，那么对于他来说什么最重要？”

我们的生命最重要，生命就是“大石块”，对于每个人来说，拥有

生命就可以拥有一切，没有生命也就一切皆无了。既然如此，那生命以外的东西还有什么是不能放弃的呢？只要把得与失的心态调整好，任何东西，当我们得到时要好好珍惜，而失去时要看破并放下，生命的真谛其实就这么简单。

相信自己最优秀

古时候有位智者临终前有一个不小的遗憾——他多年的得力助手，居然在半年多的时间里没能给他寻找到一个优秀的闭门弟子。

事情是这样的：智者在风烛残年之际，知道自己时日不多了，就想考验和点化一下他的那位平时看来很不错的助手。他把助手叫到床前说："我的蜡烛所剩不多了，得找另一根蜡烛接着点下去，你明白我的意思吗？"

"明白，"那位助手赶快说，"您的思想光辉得很好地传承下去……"

"可是，"智者慢悠悠地说，"我需要一位优秀的传承者，他不但要有相当的智慧，还必须有充分的信心和非凡的勇气……这样的人选直到目前我还未见到，你帮我寻找和发掘一位好吗？"

"好的，好的。"助手很温顺很尊重地说，"我一定竭尽全力去寻找，不辜负您的栽培和信任。"

智者笑了笑，没再说什么。

那位忠诚而勤奋的助手，不辞辛劳地通过各种渠道开始四处寻找了。可他领来一位又一位，都被智者一一婉言谢绝了。有一次，当那位助手再次无功而返地回到智者病床前时，病入膏肓的智者硬撑着坐起来，抚着那位助手的肩膀说："真是辛苦你了，不过，你找来的那些人，

其实还不如你……”

智者笑笑，不再说话。

半年之后，智者眼看就要告别人世，最优秀的人选还是没有眉目。助手非常惭愧，泪流满面地坐在病床边，语气沉重地说：“我真对不起您，令您失望了！”

“失望的是我，对不起的却是你自己。”智者说到这里，很失望地闭上了眼睛，停顿了许久，他努力半睁开眼，不无哀怨地说，“本来，最优秀的人就是你自己，只是你不敢相信自己，才把自己给忽略了，不知道如何发掘和重用自己……”话没说完，智者就永远离开了他曾经深切关注着的这个世界。

那位助手非常后悔，甚至后悔、自责地过完了后半生。

虽然这只是一个传说，其中深刻的寓意却让我们每一个人感慨至今。

为了不重蹈那位助手的覆辙，每个向往成功、不甘沉沦者，都应该牢记先哲的这句至理名言：“相信自己最优秀！”在人生道路上，为什么不相信自己是最优秀的呢？要知道，相信自己一定行，我们才会在自己的人生蓝图上添上绚丽多彩的颜色。

没有了缰绳的马

一个骑师，严格地训练了他的马儿。只要把马鞭子一扬，那马儿就乖乖地听他支配，而且骑师说的话，马儿句句明白。

于是骑师认为用言语就可以把马驾驭住了，给这样听话的马加上缰绳是多余的。有一天骑马出去时，就把缰绳解掉了。

马儿在原野上奔跑，开头还不算太快，仰着头抖动着马鬃，雄赳赳地昂首阔步，好像要验证主人的做法是正确的。但当它知道什么约束也没有的时候，很快就野性大发。它的眼睛里冒着火，脑袋里充着血，再也不听主人的呵斥，愈来愈快地飞驰过辽阔的原野。

不幸的骑师如今毫无办法控制他的马了，他颤抖着双手想把缰绳重新套上马头，但已经无法办到。完全无拘束的马儿撒开四蹄，一路狂奔着，竟把骑师摔下马来。而它还是疯狂地往前冲，像一阵旋风似的，什么方向也不辨，最后冲下深谷，摔了个粉身碎骨。

骑师好不伤心，悲痛地大叫道："我的可怜的好马呀，是我把你毁掉的呀！如果我不冒冒失失地解掉缰绳，你就不会不听我的话，就不会把我摔下来，我也不至于摔得满脸挂花，你也就决不会落得这样凄惨的下场。"

在日常生活中，他律与自律的一致，是顺利发展人生的重要保障。作为现代人，自觉地认识他律与自律的辩证关系，在实践中学会自律，善于自律，更是获得行为自由，顺利发展自身的必要前提。

一个年轻的诗歌爱好者

一年夏天，一位来自马塞诸塞州乡下的小伙子登门拜访年事已高的爱默生。小伙子自称是一个诗歌爱好者，从 7 岁起就开始进行诗歌创作，但由于地处偏僻，一直得不到名师的指点，因仰慕爱默生的大名，

故千里迢迢前来寻求文学上的指导。

这位青年诗人虽然出身贫寒，但谈吐优雅，气度不凡。老少两位诗人谈得非常融洽，爱默生对他非常欣赏。

临走时，青年诗人留下了薄薄的几页诗稿。

爱默生读了这几页诗稿后，认定这位乡下小伙子在文学上将会前途无量，决定凭借自己在文学界的影响大力提携他。

爱默生将那些诗稿推荐给文学刊物发表，但反响不大。他希望这位青年诗人继续将自己的作品寄给他。于是，老少两位诗人开始了频繁的书信来往。

青年诗人的信一写就长达几页，大谈特谈文学问题，激情洋溢，才思敏捷，表明他的确是个天才诗人。爱默生对他的才华大为赞赏，在与友人的交谈中经常提起这位诗人。青年诗人很快就在文坛有了一点儿小小的名气。

但是，这位青年诗人以后再也没有给爱默生寄诗稿来，信却越写越长，奇思异想层出不穷，言语中开始以著名诗人自居，语气越来越傲慢。

爱默生开始感到了不安。凭着对人性的深刻洞察，他发现这位年轻人身上出现了一种危险的倾向。

通信一直在继续。爱默生的态度逐渐变得冷淡，成了一个倾听者。

很快，秋天到了。

爱默生去信邀请这位青年诗人前来参加一个文学聚会。他如期而至。

在这位老作家的书房里，两人有一番对话：

“后来为什么不给我寄稿子了?”

“我在写一部长篇史诗。”

“你的抒情诗写得很出色，为什么要中断呢?”

“要成为一个大诗人就必须写长篇史诗，小打小闹是毫无意义的。”

“你认为你以前的那些作品都是小打小闹吗?”

“是的，我是个大诗人，我必须写大作品。”

“也许你是对的。你是个很有才华的人，我希望能尽早读到你的大作品。”

“谢谢，我已经完成了一部，很快就会公诸于世。”

文学聚会上，这位被爱默生所欣赏的青年诗人大出风头。他逢人便谈他的伟大作品，表现得才华横溢，锋芒咄咄逼人。虽然谁也没有拜读过他的大作品，即便是他那几首由爱默生推荐发表的小诗也很少有人拜读过。但几乎每个人都认为这位年轻人必将成大器。否则，大作家爱默生能如此欣赏他吗？

转眼间，冬天到了。

青年诗人继续给爱默生写信，但从不提起他的大作品。信越写越短，语气也越来越沮丧，直到有一天，他终于在信中承认，长时间以来他什么都没写。以前所谓的大作品根本就是子虚乌有之事，完全是他的空想。

他在信中写道：“很久以来我就渴望成为一个大作家，周围所有的人都认为我是个有才华、有前途的人，我自己也这么认为。我曾经写过一些诗，并有幸获得了阁下您的赞赏，我深感荣幸。

“使我深感苦恼的是，自此以后，我再也写不出任何东西了。不知为什么，每当面对稿纸时，我的脑中便一片空白。我认为自己是个大诗人，必须写出大作品。在想象中，我感觉自己和历史上的大诗人是并驾齐驱的，包括和尊贵的阁下您。

“在现实中，我对自己深感鄙弃，因为我浪费了自己的才华，再也写不出作品了。而在想象中，我是个大诗人，我已经写出了传世之作，已经登上了诗歌的王位。

“尊贵的阁下，请您原谅我这个狂妄无知的乡下小子……”

从此以后，爱默生再也没有收到过这位青年诗人的来信。

在世界上行走，我们不仅仅需要一对幻想的翅膀，更需要一双踏踏实实的脚！当你把目标写下来之后，随之最重要的一步就是立即让自己

动起来，向着把目标实现的方向拿出具体的行动；否则，再美好的理想也等于零。

抱怨命运的猎人

一个猎人，带上猎枪、弹药、袋子，并把意气相投的忠实朋友狗也带上，到森林中去猎获飞禽走兽。猎人去打猎，枪筒里却未装上火药。有人劝他在家里就把弹药装好，他却还是带着空枪就走，还不以为然地说：“不需要！我非常熟悉这条道，连只麻雀也看不到。要到达目的地需要整整一个小时，路上装100次弹药都来得及。”

可结果呢？命运女神仿佛故意开他的玩笑。他刚刚离开出发地，就看见一群野鸭在湖面上嬉戏。如果事先装好弹药，他一梭子弹就能打中六七只，这些野味足够他吃一星期。然而此刻，他只好赶紧装弹药，只是野鸭已经有了警惕，还没有装好，野鸭就大叫一声，振翅起飞，它们高高地在森林上空排成一队，即刻就消失得无影无踪。

猎人继续在森林里转悠，结果一无所获，甚至没有碰见一只麻雀。而且很不幸的是，突然又下起了大雨。就这样猎人全身都被淋湿，空着双手回到家里。可是猎人还只是抱怨命运，而不是自责。

古人强调“未雨绸缪”，反对“临渴掘井”。为什么不对这次的出行做个计划呢，如果提前装好弹药，那么这次的结果将是满载而归。机遇偏爱有准备的头脑，凡事拖拉，就会措手不及，错失良机。

最底层的一个起点

一个人告诉洛克，10点钟这家公司将有一次求职面试。

尽管时间尚早，洛克还是决定去碰碰运气。10点钟一过，排队的人群开始稳步地向前移动。不久，轮到洛克面试了。

“你想找个什么样的工作?”一位人事主管问道。

“我要你们所有的工作中薪水最低的工作。我急需要一份工作。”洛克说。

“来吧，我们雇佣你了。”

洛克十分高兴，这是他生活中的低潮阶段——无业、无家，可以说在这个世界上孤孤零零。他需要一个起点，甚至是最底层的一个起点。

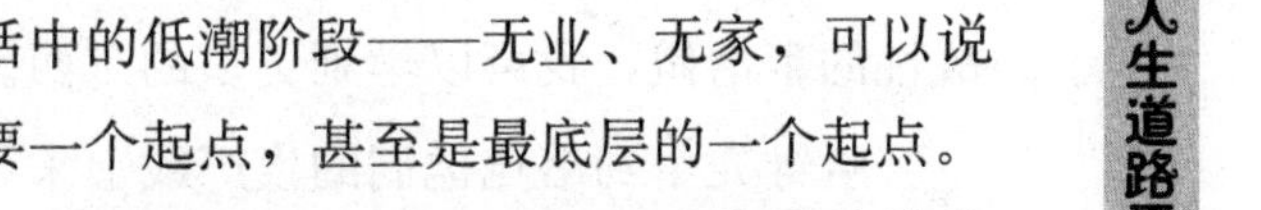

第二天一早，洛克去上班，被安排在组装线上。他的工作是将带着铜铆钉的带子缠绕在铁环上。那时公司正在为陆军制造机车手提灯。他的薪水是每小时20美分。

洛克发现手工劳动有趣而令人满意。人们一生几乎都要有用手劳动的过程，这一工作对他来说并不难。然而，头一天在组装线上，钉铆钉时锤子就把他的手砸青了。洛克很担心这一事故对工作造成不便。在得到了老板许可后，洛克在下班后继续留下来，研究出一个能用受伤手指工作的办法。

洛克在车间里寻找，终于找到了他需要的工具和材料。他制造了一个木头楔子，它能把铆钉固定住，而他可以毫不费力地做自己的工作。

第二天，洛克很早起来就去试用他新制的工具。他在其他工人到来之前开始做工。惊人的成功！这个木楔子能固定住铆钉，不用再拿手去扶，如同多了一只手。这样，他就能比原先用手扶的方法做更多的活。

老板也过来夸奖洛克的新改进。

有了这个木楔子，洛克的工作速度比原先加快了一倍。有了剩余时间，他向老板要求更多的工作，被委以一大堆杂务。他帮助组装线上的妇女调整工作台的高度，她们干得顺手，也提高了效率。洛克在任何可能的环节中协助自己的老板。洛克总是来得很早，下班后也留下帮助清理整顿，为第二天做准备。洛克认为这是一份不错的工作，满足了自己目前的需求。

公司里的人对洛克就像一家人一样，他也投入了公司的一些娱乐活动中。公司有个垒球队，每周都与其他一些小公司的垒球队比赛。洛克成了球队的一名管理员。在公司后面的球场上，洛克结识了奥林·哈维，他是球队队长，又是公司的采购员。一天练球时，他们谈到了工作。

“你为公司工作感觉如何?”哈维先生问。

“不错。”洛克说，“但我对钉铆钉有点儿烦了。我想找点儿更具挑战性的事情做，我可以学到更多的东西。”

哈维先生到洛克他们的生产线上来。

“你愿不愿意到采购部门做一个订货员？洛克。”他问。他解释了订货员的职责，并说，借此洛克可以了解到整个公司的生产程序。他强调说，所有生产成品所需的材料都要经过订货员这一程序。

洛克当然愿意。

洛克个人的努力工作和解决问题的能力被认可并被奖励。一年之内，从每小时薪金 20 美分的组装线工人升到了采购部，继而又被提升为灯光部门的助理经理。这以后不久，他被任命为工业关系部主任。

从洛克的故事中我们得到这样的启示，最先开始的定位只是为了积累更多的知识与经验。请一定记住，为自己设计人生道路伊始，请一定立足现实，脚踏实地从最底层开始。

超越缺陷，发展长处

世上有滴水不漏的桶，但没有十全十美的人。

每个人都有自己的长处和短处。然而，有的人却将注意力过多地集中到自身的某些缺陷上，看不到自己的长处和优点。他们万般苦恼自卑，认为是因为有了那些缺陷而不能获得人生的成功。其实，金无足赤，人无完人，每个人身上都会有某种缺陷，关键看你怎么对待它。

有些人身上的所谓的缺陷，对个人的工作和生活并无什么妨碍，与其花大量的心思去讨厌它、弥补它，不如将时间精力用来关注、发展、渲染自己的长处，开发自己独特的天赋。当你的优势被发挥渲染到极致时，你的劣势就不再引人注目，你也就成功了。

假如桶的缺陷在颈部，我们可以装水，假如缺陷在桶底，那么可以用来种花。人的定位与产品和企业的定位是相同的，一个人只有把希望和梦想融入更高的追求、更高的目标中才有可能超越自身的缺陷。

著名的音乐家托马斯·杰斐逊其貌不扬，他在向他的妻子玛莎求婚时，还有两位情敌也在追求玛莎。

一个星期天，杰斐逊的两个情敌在玛莎的家门口碰上了，于是，他们准备联合起来，羞辱杰斐逊。可是，这时门里传来优美的小提琴声，还有一个甜美的声音在伴唱。如水的乐曲在房屋周遭流淌着，两个情敌此时竟然没有勇气去推玛莎家的门，他们心照不宣地走了，再也没有回来过。

杰斐逊并不完美，也不出众，但是，他有了小提琴和音乐才华，他就不言而胜了。生活中，对自己的缺陷和弱点，不同的人会采取不同的

办法，杰斐逊是小提琴家，我们呢？其实我们都有发现自己优点的武器。

对于每个人来讲，不完美是客观存在的，但无需怨天尤人，在羡慕别人的同时，不妨想想，怎样才能走出误区。或用善良美化，或用知识充实，或用自己的一技之长发展自己……生命的可贵之处在于看到自己的不足之处以后，能坦然面对，最终走出误区和失败。

世界上没有绝对的完美，即使缺陷再大的人也有其闪光点，正如，再完美的人也有缺陷一样，能够充分发挥自己的长处，照样可以赢得精彩人生。

我们无法使自己的外貌完美，但我们绝对有能力使自己的内心完美，不会被缺陷和完美的种种所累！世界并不完美，人生当有不足。留些遗憾，倒可以使人清醒，催人奋进，反而是好事。

采访大法官

琼斯大学毕业后如愿考入当地的《明星报》任记者。这天，他的上司交给他一个任务：采访大法官布兰代斯。

第一次接到重要任务，琼斯不是欣喜若狂，而是愁眉苦脸。他想：自己任职的报纸又不是当地的一流大报，自己也只是一名刚刚出道、名不见经传的小记者，大法官布兰代斯怎么会接受他的采访呢？同事史蒂芬获悉他的苦恼后，拍拍他的肩膀，说：“我很理解你。让我来打个比方，这就好比躲在阴暗的房子里，然后想像外面的阳光多么的炽烈。其实，最简单有效的办法就是往外跨出第一步。”

史蒂芬拿起琼斯桌上的电话，查询布兰代斯的办公室电话。很快，他与大法官的秘书接上了号。接下来，史蒂芬直截了当地道出了他的要求：“我是《明星报》新闻部记者琼斯，我奉命访问法官，不知他今天能否接见我呢?”旁边的琼斯吓了一跳。

史蒂芬一边接电话，一边不忘抽空向目瞪口呆的琼斯扮个鬼脸。接着，琼斯听到了他的答话：“谢谢你。明天下午 1 点 15 分，我准时到。”

“瞧，直接向人说出你的想法，不就管用了吗?”史蒂芬向琼斯扬扬话筒，“明天下午 1 点 15 分，你的约会定好了。”一直在旁边看着整个过程的琼斯面色放缓，似有所悟。

多年以后，昔日羞怯的琼斯已成为了《明星报》的台柱记者。回顾此事，他仍觉得刻骨铭心：“从那时起，我学会了单刀直入的办法，做来不易，但很有用。而且，第一次克服了心中的畏惧，下一次就容易多了。”

人生感悟

与其躲在阴暗的屋子里想像外面的阳光多炽热，不如走出房间去感受一下。它只是让你感到温暖，并不会刺伤你的眼睛。别在想像中把你的困难放大！

第八章

完善自我，不让自己贬值

要完善自己，就要有全面分析自己的能力，要全面看待自己的优势和弱势。人是生存于群体之中，而并非独立存在。对于自己，要有一个细致的了解，只有在了解自己的前提下，才能够不断完善自己，活出自己精彩独特的人生。

有一种成功叫坚强

现实中，很多人仅仅是为了活着而活着，他们说不出更多真正的人生理由。

如果你只是想碌碌无为地度过一生，你的人生是为了活着而活着，那你没有人生理由也无可厚非。但是，如果你想要出人头地，你就需要有自己明确的理由，需要付出超出常人十倍、百倍的努力，否则，就只是空想，你最终什么也不会得到。

一个人成功的一生，需要一个坚强的理由。因为人生，没有毫无理由的成功，只有毫无理由的失败。

一个灵魂对上帝说："您派给我一个最好的形象，我将永远崇拜你。"

上帝仁慈地回答："好，你准备做人吧，这是世界上最好的形象。"

灵魂问："做人有风险吗？"

"有，激烈的竞争、成败、贫富以及勾心斗角、残杀、诽谤、夭折、瘟疫……"

"那就另换一个吧。"

"那就做马吧！"

"做马有风险吗？"

"有，受鞭打，被宰杀……"

"唉，请再换一个吧。"

"老虎？"

"老虎！老虎是兽中王，他一定没风险。"

"不，老虎也有风险，经常被人猎杀，濒临灭绝……"

“啊，上帝，我不想当动物了，植物总可以吧。”

“植物也有风险，树要遭砍伐，有毒的草被制成药物，无毒的草人兽食之……”

“啊，恕我斗胆，看来只有您上帝没风险了，我留在您身边吧。”

上帝哼了一声：“我也有风险，人世间难免有冤情，我也难免被人责问，时时不安……”说着，顺手扯过一张鼠皮，包裹了这个灵魂，将它推下界来：“去吧，你做它正合适。”

从此，这个灵魂就变成了一只名字叫米兰多拉的老鼠。

米兰多拉坠入人间之后立即叫苦不迭，悔恨交加。这叫什么世界啊？黑漆漆一片，又脏又臭，一群令人恶心的小动物在腐败的垃圾中蠕动，争抢着一块块烂菜叶子、臭烘烘的鱼骨……

它胃中翻腾，呕吐了起来，这时一只小老鼠走过来，问它：“你是新来的，叫什么名字？”

“我叫米兰多拉。”它看看这个陌生的同类，问道：“你们是什么？”

“哈哈，你连自己是什么都不知道？傻瓜！”小老鼠走开了。

这时，它才看清楚自己跟那些动物一模一样。

它觉得饿，可是看看那些臭东西，它宁愿饿死，也不想去吃。两三天以后，它饿得倒下了，奄奄一息。这时，那只小老鼠又出现了。

“你为什么不吃东西？”

“太恶心了！你们怎么能吃那腐烂发臭的东西？”

“为了活命啊！老鼠之所以生命顽强，千百年一直未被人类消灭，就是因为我们可以在任何一种恶劣的环境下生存。这是鼠类的骄傲啊！”

“我宁可饿死，也决不……”

“你以为饿死很英雄好汉吗？你也看到这里的竞争形势了，如果你失去了反抗能力，大家会把你当做食物活活吃掉的。”

“什么？吃我！”米兰多拉像遭了电击一样，跳了起来。

在小老鼠的引导下，它终于开始寻找东西吃了，开始吃得不多，时而呕吐，后来它渐渐变成了一只强壮的、无所不食的大老鼠，并成为了这个脏水井下面的鼠王。

“上帝是有道理的。”米兰多拉每每想到自己和上帝讨价还价时的情景，就不无感慨地说，“对于一个什么都不敢去做的软弱灵魂，让它做一次老鼠之后，下次无论做牛、做马，还是做人，都将是最优秀的!”

这不仅仅是一个童话，从某种意义上说，这就是残酷的现实。

适者生存，优胜劣汰。在这样的生存环境下，你必须给自己一个坚强的理由。

当年，在拿破仑率领大军，拉着笨重的大炮以及小山一样的弹药、装备，穿越阿尔卑斯山时，在敌对的英国人和奥地利人看来是绝对不可能的。

也正是在这种绝对不可能的条件下，法兰西大军如同天降，让敌人在不敢相信、目瞪口呆的情况下溃败如山倒。

一个成功事业的拥有者，必然是一位完美理想的实践者和信念守恒者，无论遇到什么样的困难，陷入什么样的艰难境地，他都会坚强地站起来。他有一个坚强的理由：我必须成功，那是我唯一的出路。

只要你给自己一个理由，你的生命就会变得坚强。当你的人生有了一个坚强的理由。你就会所向披靡！不管在多么恶劣的环境下，坚强始终是战胜一切挫折的利刃。

命运掌握在自己的手中

平庸的人总是有一种幸灾乐祸的心理，因为成功者总是给他们强有力的刺激。他们总是希望成功者能够功败垂成，沦为和他们一样的

平庸。

但是真正的成功者都有这样的心理素质：那就是宠辱不惊、镇定、沉着。他们的人生之所以精彩，就在于他们不容易受到与事业无关的事情的干扰，认真地走好人生的每一寸钢索，没有人能够让他们轻易失足。

一位举世闻名的走钢索高手，正准备面对自己人生当中一次最重要的挑战——在钢索上横渡尼亚加拉大瀑布。

这位走钢索专家，不知道能否顺利地完成这一次的表演，成天忐忑不安，情绪上烦躁异常，给自己造成极大的困扰。经过热心朋友的建议，他找到了一位极负盛名的预言家，请预言家为他预测这一次是否能顺利走完全程。

预言家一开口，就带来最可怕的预测。预言家建议取消这一次表演，他告诉走钢索专家，他命中注定将会在这一次的表演当中，从钢索上跌落，死于非命。

走钢索专家听了预言家所说的话，全身如坠冰窖。但这次表演的通知，早已发遍全世界，已无法取消。

表演的日期终于来到，走钢索专家在众人的期待中，出现在钢索上，他手持平衡杆，一步一步地走上钢索。预言家所说的那些话，早已随着媒体的报导传遍全世界，几乎所有的人们，都在等候走钢索专家的失足跌落。

果然，在这位高手走到1/3的距离时，他脚下一个不稳，从钢索上滑了下来；但是走钢索专家很快地一个回身，双手抓住钢索，尽管平衡杆掉落在湍急的瀑布中，他还是凭着熟练的技巧，走完全程。

人生感悟

命运掌握在自己手中，走钢索专家以他的行动验证了这句话。生活中有很多人，过于注重别人对自己的说法，久而久之，按着别人的模式生活，这是多大的悲哀啊！

你就是自己的上帝

当一个人把生命的意义寄托在外物上，把胜败的希望交给别人的时候，他自己的意志就丧失了，仿佛生命只悬在一根发丝之上。

一旦发现自己的处境和未来如此惨淡，他就会畏惧，就会胆怯，直至最后崩溃。

从前，一位父亲和他的儿子同时出征打仗。很快，骁勇善战的父亲屡立战功，做了将军，可是做儿子的一直默默无闻，没有什么突出的表现。

又一场战争开始了，嘹亮的号角吹响了，隆隆的战鼓如雷鸣般响彻营地。父亲把儿子叫到面前，庄严地托起一个极其精美的厚牛皮箭囊，箭囊镶着铜边儿，幽幽地泛着光。箭囊里面插着一支箭，从那露出的箭尾不难看出此箭是用上等的孔雀羽毛制作的。想必那箭杆、箭头一定更加出色。

父亲拍拍儿子的肩膀，郑重地说："这支宝箭是祖上一代一代传下来的，我一直带在身边，所以能力量无穷，勇往直前。不过你千万不能抽出来，这是祖上的遗训。"

看着这个精美的箭囊，想想宝箭的神奇力量，儿子兴奋不已，在他眼前似乎出现了壮烈的画面——嗖嗖的箭声在耳旁掠过，敌方的主帅应声倒下，自己则所向披靡，众士兵羡慕不已，最后把自己推举为将军。

几天后，随身携带宝箭的儿子上了战场，果然英勇非凡，表现出色，为这次战争的胜利立下了不可磨灭的功劳。

很快，儿子就得到了提拔。当士兵们的羡慕声和首领的夸奖消散后，儿子再也禁不住得胜的豪气，忘情地欣赏给他带来好运的宝箭，最

后，他把父亲的叮嘱抛到了九霄云外，呼的一声抽出宝箭，试图看个究竟。骤然间他惊呆了，原来箭囊里装着的是一支折断的箭。

“我一直带着这支断箭打仗呢。”儿子吓出了一身冷汗，“要是真的在紧要关头，我怎么办？我岂不是只有死路一条？”想到这里，儿子仿佛顷刻间失去了支柱的房子，轰然坍塌下来。

在接下来的一场战争里，儿子虽然还带着“宝箭”，但是他最后战死于乱军之中。

父亲找到了儿子的尸体，拣起那柄断箭，看到了“宝箭”有拔出的痕迹，他沉重地叹息道：“你不相信自己的意志，而把希望全都寄托在外物上，是永远也做不成什么事的。”

儿子之所以失败，是因为他把胜败的希望寄托在外物——“宝箭”上。

人生感悟

若生命是箭，其力量应该握在你自己手上；若要箭坚韧，若要箭锋利，若要箭准确，你需要的是磨炼它，同时还要磨炼自己，磨炼的不仅是技术，还有意志。当你坚信自己时，意志就是一种无坚不摧的力量。

找到属于你自己的位置

世界上的每个人都是独一无二的，都是珍贵的个体。有时你没有成功，是因为你没有找准自己的位置。

不要埋怨自己无能或者社会不公。想一想为什么别人就可以成功，可以快乐地生活而你不能，那是因为他们活在自己的位置上，他们通过努力找到了自己的位置。

只有找到自己的位置，你才能发挥自己的能量，才能活出自己的精彩。

某天，一位年轻人对老师说："老师，我觉得自己什么事也干不好。没有人看重我，我该怎么办呢?"

老师说："孩子，我很同情你的遭遇，但不能帮你，因为我必须先处理好自己的问题。"老师停顿了一会儿，然后说："如果你愿意帮我，我就可以很快处理好问题，然后也许就能帮你了。"

"好吧。"年轻人犹豫了一会儿，但还是答应了。

于是老师坐下来，从手指上脱下一枚戒指交给年轻人说："你到集市上把这枚戒指卖了，因为我需要钱还债。换回的钱越多越好，无论如何不能少于1个金币。"

年轻人到了集市，但是，听年轻人说戒指的最低价不能少于1个金币后，集市上的人有的哈哈大笑，有的说年轻人头脑发昏，只有一位慈祥的老太太告诉年轻人他要价太高了。年轻人穿过集市，到处兜售戒指，但没人肯出1个金币。年轻人只好灰心丧气地回到老师身边。

年轻人说："老师，对不起，我没能达到你的要求。也许我可以卖到2个或3个银币，但我觉得那不应该是这枚戒指的真正价值。"

"年轻的朋友，你说得太对了。"老师笑着说，"你再去一趟珠宝店，没人比珠宝商更清楚它的价值了。你跟珠宝商说我要把戒指卖掉，问他能出多少钱，但不要真卖戒指，问完价格后你把戒指带回来。"

珠宝商仔细看了看戒指后说："告诉你的老师，如果他想卖戒指，我最多可以给他58个金币。"

"58个金币!"年轻人惊呼。

"对。"珠宝商说，"如果不着急的话，我可以出70个金币，可是如果你着急脱手……"

年轻人兴奋地跑回去，将发生的一切告诉老师。“坐下，”老师说，“你就像这枚戒指，珍贵、独一无二，只有专家才能真正判定你的价值。你怎能期望生活中随便一个人就能发现你真正的价值呢？”老师说着将戒指套回手指上，“我们所有人都像这枚戒指，珍贵、独一无二，不过，我们进入生活的市场后却希望毫无经验的人肯定我们的价值。”

生活的多彩也给了每个人众多的人生选择，也许你一时不被人看重，或在茫茫人海中显得很平凡，但任何时候都不能消沉失望。因为每个人都是独一无二的，每个人都有自己本身的价值，当你选对了地方，你也会成为无价之宝。

坚持本色

在和他人交往的过程中，你所需要做的是坦然地秀出你真实的一面，而不是伪装自己。

掩饰真实的自我是一种做作，透露出的是不自信。很多人为了赢得别人的喜爱和尊敬，就不断地对自己说：“一定要在开始就给别人留下好印象！”但是，他们又不知道如何才能投合别人的心意。越是想取悦他人，就越想在各个方面都展现出优秀或者可爱的一面。这种心理让他们觉得没有人会欣赏自己真实的一面，甚至害怕别人发现真实的自己。其结果，自然是适得其反。

两名可爱的少女在街边的人行道上谈笑。在一旁观察良久的导演高兴不已，她们的表情和笑声多么富有感染力啊。两个女孩长得都很可人，尤其是那位高一点的，一双又大又亮的眼睛很是迷人，她的脸上散发着青春的光芒。这不正是自己物色的演员的最佳人选吗？他立即带着跟随而来的摄影组走过去。

明白了导演的意图，意识到镜头正对着自己，那位高个子女孩立即收起了刚才兴高采烈的表情，把一双手端放在腹前。

不难看出，她是在竭力让自己显得更高雅一些。她压抑着内心的喜悦，凝视着前面的镜头，可是一时之间她却不知道应该说什么好了，只好僵着脖子，紧绷着下巴，先前活泼的神色在瞬间消失得无影无踪。她看上去就像橱窗里摆放的模型。

最后，导演选用了那个美丽的高挑少女的女伴，一个之前相形之下略为逊色的女孩。

“我这样决定只是因为她一听到有机会成为演员，就高兴得蹦跳起来，摇晃着她那位正在镜头前摆高雅姿态的朋友。”导演这样说，“一个不能自然表现自己的演员，是一个很糟糕的演员！”

如果把人生比拟为一场戏是再合适不过的。每个人在不同场合中扮演不同的角色，聪明的“演员”会在角色间自如切换，表现自我。

可是有谁规定了母亲就必须慈祥，父亲就必须严厉？也没有哪个条款规定明星必须高雅。

所有的父母各有各的性格和教育方式，但是，最成功的父母一定会教孩子做真实的自我。许多歌星之所以能够成名，一个共同的原因是，他们都保有自己的特色。简单地说，每个人都有自己的特点，而且是真真实实存在着的本色。这个真实的自我是你和别人相处时展示出的基本姿态。

模仿别人是一件辛苦却又得不偿失的事情。卡耐基曾经写过一本关于公开演讲的书。一开始他借用别的作者的观点，花了一年的时间进行庞杂的选编和整理工作。可是当稿子摆放在他面前时，他觉得那些堆砌的观点没有任何生命力。后来他结合自己的经验和观察，写出了特别受欢迎的书。

人生感悟

众所周知，率直和坦诚更让人乐于接受，做作和伪装永远遭人唾弃。而保持自己的本色就是率直和坦诚的表现，掩饰自我就是典型的做作和伪装。每个人都应该明白这样一个道理：做人最重要的是坚持自己的本色。要知道“一家之言”要比“人云亦云”更好。

做你自己

在人生的前进过程中，你往往会面临各种各样的选择。可以说，不同的选择就会产生不同的命运。当你在进行这些选择的时候，千万要慎重，因为这关系到你将来的命运。然而，许多你面临选择的时候，却与父母所期望的相冲突，不能做自己真正想做的事，因此疑惑不知该如何是好。

哲学家纪伯伦给了最好的忠告。他说：“父母就像一张弓，而子女却是箭。带我来到人世的是父母，但最终要对我们负责的还是自己。”如果你的父母要你当老师或医师，而你想当画家或作家，选择自己要走的路是自私的吗？不，不是自私，因为生命是属于你自己的，你可以选择想要走的路。

有一个叫小云的女孩，她在填写高考志愿的时候，和父母有很大的分歧。小云从小喜爱文学，而且在这方面小有才气，已经陆续发表了不少文章。这样她就想填师大的中文系。可是父亲不同意，他认为：文学作为业余爱好还可以，如果以此为职业，风险性大，既清贫又没地位；现在，最好的学生都在学金融；小云有竞争的实力，为什么不填报财经大学的国际金融系，以后收入高，且接触的不是银行家就是企业老板。母亲是支持父亲的："小云啊，你还小，满脑子幼稚的想法。你父亲见多识广，听他的没错。"小云拗不过父母，只好勉强同意了。

后来，小云考上了金融系。可是她在学校学习得并不顺利，她不喜欢数字和报表。上课时老师讲的知识她怎么也记不住，而且金融系功课很重，大家都忙着学习，小云显得很不合群。第一学期她就亮了两门红灯。寒假回家后，小云埋怨父母当初不尊重她的意见，现在她不想在金融系学习了。

任何人都只能给你人生建议，不能为你的人生负责，毕竟他们无法代替你生活，不是吗？美国思想家爱默生说："做你自己，此即你存在的意义。"

每个人都要静下心来，听一听内心的声音，这些声音本来可以指导我们的生活，可人们总是不相信自己的意愿，要学会尊重自己的意愿。你是不是常因为自己年轻或者经验不够，而对自己说："别听它，不可能的。"然而你为什么不倾听这种声音？不管它有多微弱，也要坚持自己的观点。一旦你在所选择的领域有所成就，家人往往会引以为傲。他们会说："哦，我孩子是做什么的。"而忘了当初你表示要去做时，他们曾经大发雷霆的情景。

要忠于自己，不必老是顾虑别人的想法，或总是想要取悦他人。记住，生命的可贵之处就在于做你自己。为自己而做，为自己的梦想而活，为自己的快乐而活，好好为自己。

人生感悟

不论做任何事，都要想到是"为自己而做"——顺着你心中所想的去做。全面分析自己的能力，明白自己的需要。一旦找到自己的目标就为之努力，在艰难求索的过程中，不断充实自己，完善自己。

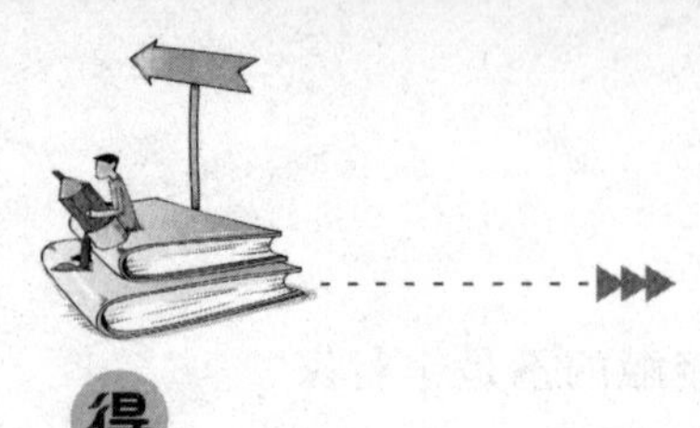

正确认识自己才能少走弯路

一个人只有了解了自己，才能去了解别人。只有真正了解自己的人才会对事情做出准确的判断。

下面这个故事或许会对我们有所启迪。

早晨，一只山羊在栅栏外徘徊，想吃栅栏内的白菜，可是进不去。它看见了自己的影子，因为太阳是斜照的，影子拖得很长很长。

“我如此高大，一定能吃到树上的果子，不吃这白菜又有什么关系呢?”它对自己说。

它奔向很远处的一片果园。还没到达果园，已是正午，太阳照在头上。这时，山羊的影子变成了很小的一团。

“唉，我这么矮小，是吃不到树上的果子的，还是回去吃白菜吧。”它对自己说，过了片刻他又十分自信地说，“凭我这身材，钻进栅栏是没有问题的。”

于是，它又往回奔跑。跑到栅栏外时，太阳已经偏西，它的影子重新变得很长很长。

“我干吗回来呢?”山羊很惊讶，“凭我这么高大的个子，吃树上的果子是一点儿也不费劲的!”

山羊又返了回去，就这样直到黑夜来临，山羊仍旧饿着肚子。

在现实生活中，有很多人失败和痛苦的原因就是不能正确认识自己。痛苦常常属于没有自知之明的人。

人贵在有自知之明，说的就是要真正地认清自己。事实上，没有哪个人可以在人生的各个方面都表现得很出色。如果我们高估或低估自己的力量，那么我们因决策失误所遭受伤害的程度就会增加。

认识自己的最好方法就是站在一旁，像陌生人一样来评估你自己。接着，要尽可能客观地进行自我检查，评估自己的能力并认清自己的缺点。

前面故事中的山羊，正是因为不了解自己，所以最终它只能饿肚子。

人生感悟

当然，正确认识自己是一件很难的事情，有的人走到生命的尽头，都无法看清自己到底是怎样的一个人。这就需要我们平时多注意自己的言行，多对自己所做过的事加以分析，从中总结经验。一句话，只有正确认识自己，我们才能少走弯路。

保留独立意识

一个人，无论何时何地都要保持清醒的自我认识，不要被任何人所控制！不管他们的意图是多么善良，你必须保留自己的独立自主意识，不要盲目地听命于那些充满善意的人，那些一直在做好事的人，那些经常在劝告你要这样、那样的人。你所要做的就是听他们讲，然后谢谢他们。他们并不是想伤害你，然而，人们总是不由自主地用自己的评价标准去衡量别人，因此事实上总会有伤害发生。

相信你自己，听命于你自己的心，那才是你唯一的老师。

有一个牧师，在一个星期六的早晨为讲道词而伤脑筋，他的太太出去买东西了，外面下着雨，他的小儿子又烦躁不安，无事可做。后来他随手拿起一本旧杂志，顺手翻一翻，看到一张色彩艳丽的巨幅图画，那是一张世界地图。于是他把这一页撕下来，把它撕成小片，去到客厅地

板上说：“儿子，你把它拼起来，我就给你两毛五分钱。”牧师心想他儿子至少会忙上半天了，谁知不到十分钟，他书房就响起敲门声，他儿子已经拼好图了。牧师真是惊讶万分，因为他看到每一片纸头都整整齐齐地排在一起，整张地图又恢复了原状。

“你怎么这么快就拼好啦?”牧师好奇地问道。

他儿子回答说：“这很简单！这张地图的背面有一个人的画像。我先把一张纸放在下面，把人的画像放在上面拼起来，再放一张纸在拼好的图上面，然后翻过来就好了。我想，假使人像拼得对，地图也该拼得对才是。”

牧师忍不住笑起来，给了儿子两毛五分钱，并说：“你把明天讲道的题目也给了我了。假使一个人是对的，他的世界也是对的。”

这个故事的意义非常深刻：相信你自己的判断。如果你要力求改变，那么首先应该改变你自己。

人们时常在判断你，如果你没有经过思考就接受了他们的观念，你将为人们的各种判断而受苦，而且你还会将那些判断强加在另外的人身上。

如果你想要独立自主，那么你就要相信你自己、成为你自己。只有相信并接受自己，你才会有能力相信并接受别人。只有相信自己，你才能超越自己。

别把自己放错位置

生活中，我们要善于利用自己的优点和长处，对于自己的弱点和短处则要设法避开。在人生的坐标系中，如果站错了位置——用他的短处而不是长处来谋生的话，那是非常可怕的，他可能会在永久的卑微和失意中沉沦。为此，我们只有紧紧抓住自己的一技之长，并加以利用。

在生活中，有的人善于做学问，没有当官的潜质，可他非要去从政不可，或不得已被推上某个领导岗位，结果在官场上很不得意，学问也耽误了。这种情况屡见不鲜，用劳伦斯·彼得的话说，这叫“迷失自己”。这种人的失败，在于没有找准自己的位置，丢了自己的长处，而用了自己的短处。

凡成功者，都是根据自己的长处来确定自己的人生方向，并坚持既定的方向，而如愿以偿地获得成功的。

马克·吐温作为职业作家和演说家，可谓名扬四海，取得了极大的成功。你也许不知道，马克·吐温在试图成为一名商人时却栽了跟头，吃尽苦头。马克·吐温投资开发打字机，最后赔掉了5万美元，一无所获；马克·吐温看见出版商因为发行他的作品赚了大钱，心里很不服气，也想发这笔财，于是他开办了一家出版公司。然而，经商与写作毕竟风马牛不相及，马克·吐温很快陷入了困境，这次短暂的商业经历以出版公司破产倒闭而告终，作家本人也陷入了债务危机。

经过两次打击，马克·吐温终于认识到自己毫无商业才能，于是断了经商的念头，开始在全国巡回演说。这回，风趣幽默、才思敏捷的马克·吐温完全没有了商场中的狼狈，重新找回了自信。最终，马克·吐温靠写作与演讲还清了所有债务。

尺有所短，寸有所长。你也许兴趣广泛，掌握多种技能，但所有技能中，总有你的长项。我们的择业原则应是：去选择最能使你全力以赴的职业，最能使你的品格和长处得以充分发展的职业。因为唯有利用你的长处，才能给你的人生增值；相反，利用你的短处会使你的人生贬值。正如富兰克林所说“宝贝放错了地方便是废物”，就是这个意思。

人是复杂的、多面的，既有长处，也有短处；既有优点也有缺点。如何扬长避短，最大限度地表现自己，这是成功的人必备的素质。聪明的人能够最大限度地表现自己的才华和优点，使自己具有永恒的魅力。

人生感悟

事情无大小，每做一件事，总要竭尽全力求其完美，这是成功的人的一种标记。在人生的路上，我们只要善于发掘和利用自己的优点，就会成为一个处处受欢迎的人，成为一个成功的人。

热情铸就成功

当13岁的松下幸之助还是学徒的时候，一直想独立卖成一辆自行车，可是，当时自行车是百元上下的高价商品，相当于今日的汽车，即使有人想买，也轮不到松下这样的小徒弟一人去销售，顶多是让松下跟着伙计送车去罢了。

很幸运，有一天，一位客户的伙计打电话来：“送自行车给我们看看吧。我们老板在，现在赶快送来!”刚好其他伙计不在，松下的老板对他说：“看对方很急的样子，无论如何，你先把这个送过去吧。”松下听了，以为好机会来了，精神百倍地把自行车送到客户那里去。松下虽然不是营销老手，却很认真地游说。

那时因为松下只有13岁，人家把他当做可爱的小孩。老板看他拼命推销的模样，摸摸他的头说：“你很热心，是个好孩子。好吧，我决定买下来，不过要打9折。”

因为太兴奋了，所以，松下没拒绝就回答说：“我回去问老板!”

说完就跑回来告诉自己的主人：“对方愿意打9折买下来。”

主人却说：“打9折怎么行呢？算9.5折好了。”

这时候，松下一心一意想第一次独立成交，很不愿意再跑一次去说

9.5 折。他竟对主人说："请不要说 9.5 折，就以 9 折卖给他吧。"说着哭出来了。

主人感到很意外："你到底是哪方的店员呢？你怎么了？"

松下哭个不停。过了一会儿，对方的伙计到店里："怎么等了这么久呢？还是不肯减价吗？"

主人说："这个孩子回来叫我打 9 折卖给你们，说着就哭出来了。我现在正在问他，到底是谁家的店员呢。"

伙计听了，好像被松下的热心和纯情感动了，立刻回去告诉他的老板。

那位老板说："他是一个可爱的学徒。看在他的分上，就按照 9.5 折买下来。"

就这样，终于成交了。这就是松下第一次成功销售自行车的例子。

那位老板甚至对松下说："只要你在五代（松下当时学徒的商店），这期间我们买自行车，一定从五代买。"

同样一个职业，同由你来干，有热情和没有热情，效果是截然不同的。前者使你变得有活力，工作干得有声有色，创造出许多辉煌的业绩；而后者，使你变得懒散，对工作冷漠处之，当然就不会有什么发明创造，潜在能力也无所发挥；你不关心别人，别人也不会关心你；你自己垂头丧气，别人自然对你丧失信心；你成为这个职业群体里可有可无的人，也就等于取消了自己继续从事这个职业的资格。可见，培养职业热情，是竞争至关重要的事情。

首先你要告诉自己，你正在做的事情正是你最喜欢的，然后高高兴兴地去做，使自己感到对现在的职业已很满足。其次，是要表现热情，告诉别人你的工作状况，让他们知道你为什么对这项职业感兴趣。事实上，我们不论是作家、教师、工程师、工人、服务员，都有理由充满工作热情，只要自己认为理想的职业就应该是热爱的，热爱也就自然珍惜。但有些职业在经过深入了解以后，可能会感到无非如此，用不着付出多大努力，便以例行公事的态度处之。这样问题就出来了，你虽然热爱自己的职业，却不知道怎样把职业掌握在自己手里。

再熟悉的职业，再简单的工作，你都不可掉以轻心，都不可没有热情。如果一时没有焕发出热情，那么就强迫自己采取一些行动，久而久之，你就会逐渐变得热情。如果你相信自己从事的职业是理想的，就千万别让任何事情阻止了你的工作热情。

沉着冷静才能安度危机

在处理问题时，很多人会陷入一筹莫展的境地。因为有的时候需要处理的问题很棘手，一时找不出合适的解决办法。这种时候，如果心悸动不安，只能使脑筋更乱。干脆，先不管它，让自己冷静下来，这个时候，你往往能够找到解决问题的方法。

公元1799年，当时法国的国力鼎盛。法国执政拿破仑派遣大将军马桑拿，率领精锐部队共18 000人侵略邻国奥地利。

当时的法国军队，横行于整个欧洲，几乎可以说是锐不可当。

马桑拿的部队，进兵至奥地利边界一座名叫弗雷其克的小城。弗雷其克没有正式的军队，面对法国大军，也完全没有任何准备。

马桑拿的大军，在复活节的上午来到弗雷其克城外，驻扎在高地上。将士们耀武扬威地向城内高声呐喊。

弗雷其克城内的居民聚集在一起，商量该如何投降。在全城的大动乱当中，居民代表们从早上一直开会到了下午，仍然商议不出一个结果。

最后，在会议中，有位长老发言，他说："今天是复活节，我们从早上开会直到现在，也得不出任何的结论，完全无能为力。为什么我们不停止讨论如何投降？为什么不一起来做复活节的礼拜？我建议立即敲响教堂的钟，召集居民们一起来做礼拜，至于那些法国军队，就交给上帝去对付他们吧！"

于是弗雷其克城内的各教堂钟声齐鸣，城内居民老老少少都群聚在教堂中，吟唱圣诗庆祝复活节。法国军队的统帅马桑拿将军，是一位作战经验丰富的将领。他听到弗雷其克城内传来的钟声及诗歌吟唱声，对他的幕僚群说："情势不妙，今天早上我们大军初到时，城里哭声连天；而现在他们居然有心情庆祝复活节。根据我的经验，应该是城里有援军开到！"

马桑拿的幕僚们也认为，不论对方的兵力是虚是实，法国部队孤军深入敌境，处境着实危险。马桑拿便下令退兵。

弗雷其克城不费一兵一卒，单靠钟声及吟唱圣诗，令法国退兵，一时传为美谈。

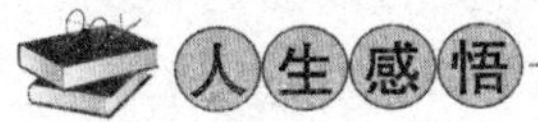

在战场上如此，在人生的道路上亦然。越是处于困境时，越要沉着以对；无谓的慌乱，只会丧失良机。冷静下来、仔细思考，你将发现解决问题的方法正明明白白地在你的眼前呈现！

挖掘自己的长处

最初，每个人的心中都会有许多的梦想，但最终能圆梦的人不是

很多。

不能圆梦的原因也许有很多，但能圆梦的原因或许只有一个，那就是：为梦想不懈努力，不达目的决不罢休。

20世纪70年代出生的孩子，或许大都不会忘了动画片中唐老鸭那经典搞笑的声音。

唐老鸭的配音者是李扬。很多人都认为他是一个专业的配音演员。可是事实上，李扬最初只是一名部队里的工程兵，工作是挖土、打坑道、运灰浆、建房屋。这似乎和他的配音工作差了十万八千里。

然而李扬知道，自己一直擅长并喜欢配音工作。所以虽然他现在从事的不是这一行业，可他从来没有放弃过自己的梦想，他知道，总有一天自己的长处会被发掘出来。

于是，他在空闲时间里认真读书看报，阅读中外名著，并且自己尝试着搞些创作。退伍后，李扬成了一名工人，但他仍然没有放弃自己的理想，用他自己的话说，他始终认为这值得自己去投入。

后来，国家恢复了高考制度，李扬考上了北京大学机械系，这给他发挥自己的长项创造了良好的机会。因为他的不懈努力，因为他的天赋，加上一些朋友的介绍，李扬终于找到机会参加了一些外国影片的译制录音工作。他的声音生动，而且富有想象力，在几年的时间里他潜心钻研，终于成就了自己独特的配音风格。此时的李扬已是箭在弦上，只需有人开弓，就可以射向目标。

机会来了，风靡世界的动画片《米老鼠与唐老鸭》在中国招募汉语配音演员，虽然是业余配音演员，可李扬凭着自己独特的配音风格一举被迪斯尼公司相中，为唐老鸭配音。从此他成了家喻户晓的配音演员。问及李扬成功的秘诀时，他回答说："我之所以能够成功，就是因为我从来没有停止过挖掘自己的长处。"

李扬之所以取得了成功，是因为他认为自己的潜力终有一天会被发现，所以他才会一直朝着这个方向努力，并且认为为之付出多大代价都是值得的。

很多时候，一个人之所以无法做出成绩，不是因为他的工作方法有问题，而是他的心态有问题，即他认为做这项工作不是自己的长项，或者是对这项工作没有兴趣。一个人从事自己不擅长或不喜欢的工作，是不会拿出全部的热情和精力来做的。存在着这样的心态，又怎么能有突出的成绩呢?

人生感悟

每个人都有自己的长处，这个长处就像是你的一块宝藏，开启宝藏的钥匙就在你自己的手里，如果你轻易放弃，那么你的宝藏将永远掩埋。所以，行动起来吧，发现自己的长处，这很重要，尽管你可能因为现实的一些原因而不得不在现有的位置工作。但是，只要你发现了它，并为之不懈努力，最终的成功就一定会属于你。

从身边的小事做起

完成小事是成就大事的第一步，伟大的成就总是跟随在一连串小的成功之后。在事业起步之际，我们也许会被分派做最简单的工作，此时不要好高骛远，慨叹命运不公。从你的本职工作做起，记住，你的工作岗位是永远与你的实际能力相称的。

从前，有一个富翁，他来到另一个富人家做客，看见他们家的一座三层的楼房、宽敞高大、庄严华丽，十分羡慕，心里想："我的财富并不比他少，为什么我就不能建造一座这样的楼房呢?"

于是回到家里，他立刻找来木匠，问道："你能不能造一座像他家那样漂亮的三层高楼?"

木匠回答说：“完全可以，他家那座楼就是我建造的。”

富人便说：“那你现在就照样为我建造一座楼！”

于是木匠就开始清理地基、测量土地、制坯垒砖、准备造楼。几天后，富人来到这里，看到他的活动，很是疑惑，问他：“你这是在干什么？”

木匠回答说：“这是在准备建三层楼的材料。”

富翁说：“我不要盖下面这两层，就要你为我建造最上面的一层楼房。”

木匠答道：“哪有这样的事？哪有不造底层的就能造第二层的？哪有不造第二层就能造第三层的道理？”

富翁发火了：“不能建造还找出这么多的理由，分明是你的能力不行！”于是就把木匠赶走了。

富人是愚蠢的，不过下面这个乞丐也聪明不到哪里去。

有个乞丐，饿了很多天，这一天遇到了一个好心人，送给了他一笼包子，包子的味道实在太诱人了，乞丐一口气吃了九个，当吃完了第十个包子的时候，他觉得自己真的很饱了。可这时他发现笼子里的包子已经所剩无几了，于是不由得懊悔地说道：“哎，早知道吃这最后一个包子就能吃饱，为什么还要浪费之前的那九个呢？”

或许，任何一个头脑正常的人都知道，乞丐的前九个包子，富翁的前两层楼房，都是他们达到目的不可缺少的条件，所以富翁的要求和乞丐的遗憾都是愚蠢的。

不过，在现实的生活中，人们却经常会忽视这一点，刚刚参加社会的新人，或者是来到一个新的团队，他们会迫不及待地要求到最重要的岗位，因为他们觉得自己做这种小事简直就是大材小用。

他们不懂得，任何一个人的成功都是要经过积累的，没有人能一口吃出个大胖子，要知道，没有牢固的基石就造不出雄伟的大厦，没有对你能力的考验和提高，又怎么能把重要的工作交给你去做呢。更何况，如果你不具备这样的能力，就是对你委以重任，你恐怕也是无法承担的。如此放弃了通往成功的积累，却固执地想要成功的做法，与前面故事中那个只想要第三层楼房的富翁和只想吃最后一个包子的乞丐有什么区别呢？

成功之路，不可急于求成，因为它是长期积累的结果。要想获得丰收，最需要做的就是从眼前最基本的事务做起。切记：攀登人生之路，本来就是一步一个脚印！

给自己一个成功的平台

谁都不可能一举成功，请不要相信“一举成功”这种话，因为世界上根本不存在“一举成功”这回事。所谓的一举成功，只是一些成功者虚伪的炫辞，因为他怕说出那一箩筐失败的经历会被人耻笑，因为今天的他已非同小可了。

一举成功，就像是黄粱一梦，不过是幻想而已。

不可否认，这世界确有很多一辈子也没跌过跟头的人，即所谓的“不倒翁”。当你在创业的路上跌了 101 个跟头，爬起向后看时，他们正在嘲笑你。然而，你却超越他们 101 步之遥。因为“不倒翁”的秘诀是：决不向前迈一步。

所以，要向前进取，就要做好摔跟头的准备。“不倒翁”，一万年以后仍会保持原地不动。

保罗·高尔文是摩托罗拉的创始人。他的创业之路充满坎坷。他在哈佛镇认识的朋友爱德华·斯图尔特是斯图尔特无线电公司的负责人，

已在无线电领域活跃了好几年。他试图邀高尔文和他共同发展。于是，他向高尔文提议办一个蓄电池厂，并像一个传道者一样鼓吹了这个计划。这正和高尔文的设想不谋而合，他立刻同意了。1921 年 7 月 15 日，斯图尔特电池公司大吹大擂地在威斯康星州的马什菲尔德成立了。高尔文在工作中一如既往地孜孜不倦。

努力工作给他带来了收益，报纸终于把斯图尔特—高尔文公司称作“马什菲尔德市制造业中最大的工厂之一”。

但是，由于公司的地址选择有误，运费昂贵；加之正好赶上美国全国性的经济衰退，他们的公司倒闭了。高尔文只能打道回府。他和妻子以及 10 个月大的儿子搭乘破旧的汽车返回伊利诺伊州。当时，高尔文口袋里仅剩一元五角钱，连供他们途中吃饭都不够。

高尔文不得不四处打工。就在他在新的公司步步高升，做了销售主管时，爱德华又来找他。爱德华通过他父亲的关系买下了原来斯图尔特电池公司的残余部分，并将厂房搬到了交通便利的芝加哥皮奥利亚街一处房子里。他们感到这次对电池公司扩展销路有了把握，雷厉风行的高尔文立刻答应了斯图尔特的邀请，辞去职务，再次走上和斯图尔特合作办厂的路。

斯图尔特公司的电池业务相当兴隆。1926 年，美国的无线电再次有了飞跃性的发展，他们都感到利用交流电而不用电池的收音机出台只不过是时间问题而已。斯图尔特用一种叫 A 替代器的小发明来解决这个问题，这种替代器可以给用完后的电池再次充电。为了购买部件、装配生产线并投入生产替代器，高尔文出资买下了公司的一部分股份。

令他们始料不及的是，公司生产的替代器出了质量问题，退货的人很多，他们的境况又变得不妙。此时，他们立刻将已装运出去的替代器调回来，开始了一个日夜连轴转的工程计划，以排除毛病。但竞争激烈的市场没有给他们时间，顾客们马上投向别的公司。由于资金不畅，斯图尔特电池公司被封闭了。高尔文又一次面临灭顶之灾。

但高尔文心中并未完全放弃对替代器的希望。他做了一番市场考察后，在公司产品的拍卖会上将替代器买了回来。当时亦有许多商家看好替代器，但他们对替代器的前景缺乏信心，又被高尔文的出价吓倒，最终让高尔文买下了自己倒闭公司的产品。

高尔文用四处筹集的钱终于再次将工厂办了起来。在以后的几年中，公司买卖兴隆，发展迅速。

成功之路，就是这样一点一点走出来的，在前进的道路上，并不是一日千里，有时候，甚至是一寸一寸地前移。

如果说信心是成功的支柱，那么它必须有持久的耐心做保障。完成小事是成就大事的第一步

千里之行，始于足下；不积跬步，无以至千里；不积小流，无以成江海。

凡事要想做大，都得从小处做起，从眼前最基本的事物做起。

如果一个人心里有远大的理想，却不愿意一步一步去努力，那他永远也不会有美梦成真的那一天。

毕业后，先宇被分配到一个效益不太好的工厂做工人，这和他的志愿简直是天壤之别。其实先宇本人的素质还是很不错的，他文笔很好，而且思维活跃，聪明能干。然而命运之神似乎是在和他开玩笑，领导竟然让他做最简单的擦拭机器的工作，整日与这些笨重的铁家伙为伍，先宇感觉郁闷极了。带着这种情绪工作，工作自然是做得一塌糊涂。在这期间，先宇也曾经联系了几家自己非常想进的单位，可是都被拒绝了。

先宇感到心烦意乱，就来到了乡下的姑妈家散心，就是这个偶然的机会，改变了先宇的一生。

乡下的娱乐节目是很少的，所以来了一个马戏团，来看的人可以用人山人海来形容。等到先宇来看的时候，发现已经根本看不到表演了，因为前面已经筑起了几道人墙。

这时一个小男孩引起了他的注意，这个小家伙正在用砖头垒一个平台，他还很小，一次只能拿两块砖头，先宇不知道他已经往返了多少

次，只是看到他已经快要搭起一个接近半米高的平台。小男孩的脸上已经有了汗水，但他仍然一趟一趟地往返着，平台也在一层一层地加高，终于，小男孩的平台搭完了。

他也注意到了先宇在看着他。在他登上平台看马戏的时候，回过头来给先宇展示了一个成功的笑容。正是这个笑容启发了先宇，小男孩尚且能为自己搭建一个平台，来穿越重重的人墙，自己为什么就不行呢？

先宇回来后，不再马虎地对待自己的工作，在精心做好本职工作的同时，先宇还开始尝试着写稿子。三年后，他凭借着自己优异的工作成绩被提升为车间主任，同时由于笔耕不辍，也开始在报刊上发表一些作品。五年后，有两家单位都争着要先宇到他们单位工作。一家是出版社聘他去做主编，另一家是外资企业招他去做经理。先宇经过认真考虑，跳槽到了自己更喜爱的出版社。

生活中，经常有人会觉得自己的工作和自己的爱好不对口，甚至和自己的专业不对口，甚至会遇到先宇这样的情况，一个大学生最初的工作竟然是做最低下的活儿。于是就会觉得工作没干劲，可是不要忘记，牙牙学语的婴儿总是从一个最简单的字母学起的，然后才有了流畅的表达。一个孩子，在没有学会走路之前就想跑，是注定会摔倒的。

人生感悟

完成小事是成就大事的第一步，伟大的成就总是跟随在一连串小的成功之后。记住，你的工作岗位是永远与你的实际能力相称的。即使会有短期出现偏差的时候，但金子无论把它放到哪里，都会闪光，一个真正的人才，没有任何领导会让他沉寂太久的。没有所谓的一举成功，要想成功，就得做好跌跟头的准备，放慢脚步，给自己一个平台，给自己的成功添上一个不可或缺的砝码。

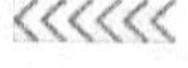

自强不息才能拯救自己

近年来，走在大城市的大街上或天桥上，总能见到几个青年学生模样的男女，低着头跪立于街头，地上写着这样几行字："我太饿了，好几个月都没找到工作了，你们行行好吧。"

乍一看，确实可怜之至。俗话说："男儿膝下有黄金。"不到万不得已，谁愿意当街下跪。做人谁不图个面子呢？树活一张皮，人活一张脸。如果不是穷困到了极点，这种事谁干得下去？因此，过路的人明明知道这些人中有不少是骗子，但还是一个接一个地伸出了援助之手。这世上，善良的人毕竟占绝对多数。

偶尔见了几回这种情景倒也没什么，但见多了，心里就不是滋味了。四肢健全，年纪轻轻，居然一天又一天下跪。这对于繁华的都市来说也未免太煞风景了吧。

人之所以是人，最重要的就是志气，就是自强不息的精神。

拿破仑的父亲是一个极高傲却极其穷困的科西嘉贵族。他把拿破仑送进了一个在布列讷的贵族学校，在这里与拿破仑往来的都是一些在他面前极力夸耀自己富有，讥讽他穷苦的同学。这种一致讥讽他的行为虽然引起了他的愤怒，他却一筹莫展，只有向威势屈服。

后来实在受不了了，拿破仑写信给父亲，说道："为了忍受这些外国孩子的嘲笑，我实在疲于解释我的贫困了，他们唯一高于我的便是金钱，至于说到高尚的思想，他们是远在我之下的。难道我应当在这些富有、高傲的人面前继续谦卑下去吗？"

"我们没有钱，但是你必须在那里读书。"这是他父亲的回答，因此他忍受了5年的痛苦。但是每一个嘲笑，每一个欺侮，每一种轻视的态

度，都增加了他的决心，他发誓要做给他们看看，证明自己确实是高于他们的。

他是如何做的呢？这当然不是一件容易的事，他一点也不空口自夸，他只心里暗暗计划，决定利用这些没有头脑却傲慢的人作为桥梁，使自己得到技能、富有、名誉。

在部队期间，他看见战友们在空闲时追求女人、赌博。而他那不被人喜欢的矮小体格使他决定改变方针，用埋头读书的方法去努力和他们竞争。

他并不是读没有意义的书，也不是专以读书来消遣自己的烦恼，而是为自己理想的将来做准备。他立志要让全天下的人知道自己的才华。因此，在选择图书时，他也就是以这种决心为选择的范围。他住在一个既小又闷的房间内。在这里，他脸无血色，孤寂、沉闷，但是他不停地读下去。

他想象着自己是一个总司令，将科西嘉岛的地图画出来，地图上清楚地指出哪些地方应当布置防范，这是用数学的方法精确地计算出来的。因此，他的数学才能得到了提高，这使他第一次有机会显示他能做什么。他的长官见拿破仑的学问很好，便派他在操练场上执行一些任务，这是需要极复杂的计算能力的。他的工作做得极好，于是他又获得了新的机会，拿破仑开始走上有权有势的道路了。这时，一切的情形都改变了。从前嘲笑他的人，现在都涌到他面前来，想分享一点他得的奖励金；从前轻视他的，现在都希望成为他的朋友；从前揶揄他矮小、无用、死用功的人，现在也都改为尊重他：他们都变成了他的忠心拥戴者。

假使拿破仑的同学没有嘲笑他的贫困；假使他的父亲允许他退学，他的感觉就不会那么难堪。他知道，在困境中，只有奋发图强才能拯救自己，成就大业，出人头地。

人生感悟

人贵有志，一个有志气的人，是没有克服不了的困难的。人虽然穷点，志却不能短。越是贫穷，越应该立志，使自己摆脱贫穷。

用自救摆脱厄运

可以说，逆境是世间每一个凡人的必经之路。

不过，身陷逆境，不同的人态度也截然不同，有的人愿意乞怜，有的人会自暴自弃，有的人习惯诉苦，而有的人则会奋力自救。当然，你选择怎样的态度，也就选择了你最终的结果。

诉苦至多博得几滴同情的眼泪，在你想得到别人同情时，你从内心已让自己低人一截了。

乞怜可能连同情也得不到，而得到的是数不清的白眼。

自暴自弃更是下下之策。本来还有突围的可能，因为自暴自弃而失去了这份可能；本来还有东山再起的机会，因为自暴自弃而让机会从眼前溜走。

如此一来，只有自救才是你摆脱逆境的唯一方法。唯有奋力冲锋，杀开一条血路，才能求得海阔天高的生存空间。当别人帮不了你，上帝也无法救你之时，你只有自己救自己了。

一个名叫保罗的小伙子从祖父手中继承了一片森林庄园，可是，没过多久，一场雷电引发的山火就将其化为灰烬。面对焦黑的树桩，保罗感受到了从未有过的绝望。但是年轻的他不甘心百年基业毁于一旦，决心倾其所有也要修复庄园，于是他向银行提交了贷款申请，银行却无情地拒绝了他。接下来，他四处求亲告友，依然是一无所获。

所有可能的办法全都试过了，保罗却始终找不到一条出路，他的心在无尽的黑暗中挣扎。他知道，自己以后再也看不到那郁郁葱葱的树林了。为此，他闭门不出，茶饭不思，日渐消沉，他甚至后悔当初不该从爷爷手中继承这份遗产。

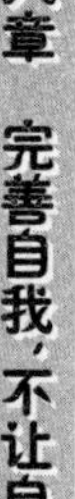

一个多月过去了，他的外祖母获悉此事，意味深长地对保罗说："小伙子，庄园成了废墟并不可怕，可怕的是你的眼睛失去了光泽，一天天地老去。一双老去的眼睛，怎么可能看得见希望呢？"

保罗在外祖母的劝说下，一个人走出庄园，走上了深秋的街道。他漫无目的地闲逛着，在一条街道的拐角处，他看见一家店铺的门前人头攒动，他下意识地走了过去。原来，是一些家庭妇女正在排队购买木炭。那一块块躺在纸箱里的木炭忽然让保罗眼睛一亮，他看到了一线希望。

在接下来的两个多星期里，保罗雇用了几名烧炭工，将庄园里烧焦的树加工成优质的木炭，分装成箱，送到集市上的木炭经销店，结果，木炭被一抢而空，他因此得到了一笔不菲的收入。

不久，他用这笔收入购买了一批新树苗，一个新的庄园出现了。几年以后，森林庄园又渐渐恢复了它原有的生态。

只要眼睛不失去光泽，心灵就永远不会荒芜。

我们每一个人都有身处逆境的时候，但在这时，与其悲伤流泪，还不如从自己现有的条件出发去慢慢耕耘，一旦机会来临，自己也有了足够的条件去发展，境遇自然就会好转。

人生感悟

有道是"自助者天助"，无论你身处怎样的困境，都不可以自暴自弃。只要你有心摆脱逆境，并且付出行动，你就一定能改变现状，重获新生。当一个人的意志变成了一块顽石时，没有什么可以打败他，更没有什么可以吓倒他。无论陷入什么样的困境，他都能够永远立于不败之地。

韬光养晦，等待时机

耐心是等待时机成熟的一种成事之道，反之，人在不耐烦时，往往易变得固执己见、粗鲁无礼，让别人感觉难以相处，更难成大事。当一个人失去耐心的时候，也失去了用来分析事物的明智的头脑。所以，做任何事，都要抱有一份耐心，先打好基础，筹划好资本，然后再着手行动。

大丈夫就应当能屈能伸。在山穷水尽之时，忍辱负重，守静待时；在柳暗花明之时，持力而为，繁荣人生。

勾践念念不忘会稽山之耻，想要在此山建城郭，重立都城，就把这事情交给范蠡承办。范蠡日察地理，夜观天文，造成了一座新城，团团围会稽山入内。在新城西北方的卧龙山上立了飞翼楼，示为天门；又在东南方挖了漏石窦，示为地户。外郭长长绵延十数里，却单独留了西北一个豁口，称“已臣服于吴，不敢壅塞贡献之道”，表现出服软姿态，其实则是为了异日进取姑苏之便。

制度俱备，勾践迁入新都，对范蠡说：“我实不德，竟然失国亡家，为吴奴役，如果不是大人相助，又怎会有今日？”范蠡说：“此乃大王之福，非我之功，只要大王时时不忘石室之苦，终有一日越国当兴，吴仇得报。”勾践大喜，封范蠡为相国，又授他为大将军，专治军旅；再封文种和计然二人为大司马，辅治国政，尊贤礼士，敬老恤贫。越国上下一片欢呼。

勾践急着要复仇，苦身劳心，夜不倦卧。他命人采了大批柴薪，积成丈高，夜夜眠于上面，不铺床褥，又命人悬一苦胆于坐卧之所，饮食起居，必取而尝之。

除了这些以外，勾践自己每出游，必载饭与羹于后车，遇到年幼的小童，取饭羹哺之，问其姓名。遇耕时，亲自下田，夫人自织，与民同

苦。七年不收赋税，食不加肉，衣不重彩。

二十年后，在勾践忍辱负重、励精图治努力下，越国渐渐强大起来，有了近乎称霸的资本，于是便向吴国大举兴兵复仇。一天夜里，范蠡悄悄带了右军，在离吴营不足十里处埋伏下；文种又带了左军，溯江而上五六里以待吴兵；勾践自己率了中军，鼓声震天，前袭吴营。

结果吴国大败，吴王投火自尽。

为人处世，巧遇机会是非常重要的。忍住性情，慢慢筹划，等待时机成熟再出手才是智者的选择。

自制力决定成败

自制能力是决定成败的基础。没有自制力，你就无法做到专心致志，目标始终如一；没有自制力，你就会沉湎玩乐，把该干的事搁置一边；没有自制力，你让人难以信任，让人对你的人格倍感怀疑，那么，你就会失去很多机会。

老话讲：心似平原走马，易放难收。放纵非常容易，自制的闸门稍稍一松，即会"鸟离樊笼翩翩舞"，无拘无束。而要想收回这只逃离的鸟儿，并不是件容易事。

或许，下面这件看似很平常的小事情，即会让你领略到自制是多么的难得。

一张独特的广告："招聘一个能自我克制的小伙子。每星期 8 美元，表现优异者可以拿 10 美元。"这个奇特的招聘广告引起了议论，这有点不平常，自然引来了众多求职者。

每个求职者都要经过一个特别的考试。

“能阅读吗？孩子。”

“能，先生。”

“你能读一读这一段吗？”商人把一张报纸放在小伙子的面前。

“可以，先生。”

“你能一刻不停顿地朗读吗？”

“可以，先生。”

“很好，跟我来。”商人把他带到他的办公室，然后把门关上。他把这张报纸送到小伙子手上，上面印着他答应不停顿地读完的那一段文字。阅读刚一开始，商人就放出六只可爱的小狗，小狗跑到小伙子的脚边。这太过分了，小伙子经受不住诱惑要看看美丽的小狗。由于视线离开了阅读材料，小伙子忘记了自己的角色，当然他失去了这次机会。

就这样，商人打发了 70 个小伙子，终于，有个小伙子不受诱惑一口气读完了。商人很高兴，他们之间有这样一段对话：

商人问：“你在读书的时候没有注意到你脚边的很多小狗吗？”

小伙子回答道：“对，先生。”

“我想你应该知道它们的存在，对吗？”

“对，先生。”

“那么，为什么你不看一看它们？”

“因为你告诉过我要不停顿地读完这一段，所以我不会轻易放弃阅读。”

“你总是遵守诺言吗？”

“的确，我总是努力地去做，先生。”

商人高兴地说道：“你就是我要的人。明早 7 点钟来，你每周的工资是 10 美元，我相信你大有发展前途。”

自制，是一件看似挺简单，做起来却很不容易的事。

人生感悟

不要忽视生活中每一个微小的细节，苛求自己才会出类拔萃。有时候，自制就是对自己的苛求。任何一种良好的习惯，都是从小事开始，渐渐养成的，坏习惯也是这样养成的。

选择自己所爱

一个樵夫上山去打柴，看见一个人在树下躺着乘凉，就忍不住问他“你为什么不去打柴呢？”

那人不解地问：“为什么要去打柴？”

樵夫说：“打了柴好卖钱呀。”

“那么卖了钱又有什么用呢？”

“有了钱你就可以享受生活了。”樵夫满怀憧憬地说。

乘凉的人笑了：“那么你认为我现在在做什么？”

在现代社会中，所有的人都显得很忙碌。我们被竞争挤压着，争着读书，争着工作，争着赚钱，争着出国，在诸多的压力下，我们不知不觉中离真正的快乐、甚至真正的生活越来越远。人类具有一种先天性的趋同心理，即使是无聊的事，如果是大家一起去做也会显得有意思许多。我们往往不怕自己错了，而是深深地害怕只有自己一个人错了，也就是孤独地错。成千上万的人一起走向毁灭时，每个人不需要多大的勇气就可以走下去。当希特勒站在他的士兵们面前说“为我们的民族而战”的时候，摩拳擦掌的人其实并不是勇士，但是如果有一个人说：“我不想去。”那么他才是真的勇士——这需要不可估量的勇气。

弗洛伊德说："简直不可能不得出这样的印象：人们常常运用错误的判断标准——他们为自己追求权力、成功和财富，并羡慕别人拥有这些东西。他们低估了生活的真正价值。"

乔达摩生于公元前 6 世纪，父亲是释迦族国王。国王为了让王位后继有人，就禁止他离开皇宫并以宫廷无尽的奢华和享受诱惑他，极力把他同任何不幸的事物隔开。

然而，有一天，他终于走出了皇宫。他坐在皇家马车中，车外的景象使他惊呆了——一个他从没见过的非常衰老的女人。继续前行，他又遇到一个奄奄一息的病人和一个没有双腿、在路边行乞的残疾人。乔达摩吃惊地领悟到，每个人都会受到病痛的折磨。

后来，他们又遇到了一列抬着尸体的送葬队伍，当他知道每个有生命的物体都将会死去时，他深深地震惊了。

就在他心绪不宁，被病、老、死所困时，他遇到了一个老人。老人注视着他，并对他很平静地微笑。

"在人世的苦海中，这个人为什么还会欣喜？"乔达摩惊问。

"他是一位圣者，"赶车人答道，"他已经获得了真理并因此得到了解脱。"

这些新的发现，唤起了乔达摩内心深处对人类的深刻同情以及对现在受到庇护的特权的厌恶。这些使他越来越感到强烈的不安。

虽然他已经是一个好丈夫、好父亲，但是在他思想深处，有着无法终止的不完美的感觉，有着对不幸人们的不断增长的、难以抗拒的"同体大悲"。

当他认真地倾听自己内心深处的声音后，他决定离家修行，带着解脱生死的宏愿，为获正果，矢志不渝。就这样，他毅然抛弃了自己熟悉和钟爱的一切，开始了求道生活，那年他才 29 岁。

出家后，乔达摩过着同以往完全不同的生活。他先后向两位大师学习，接受苦行方式，努力通过苦修和无为来寻求人生的真理。

经过许多年的修行，最后，乔达摩来到一棵菩提树下，修成了正

果，进入了高深的境界。自此，乔达摩成为佛陀（觉悟者），人们称他为释迦牟尼——释迦族的圣人。

我们并非要求每个人都去做出家修行的僧侣，只是建议你找一个宁静的时刻，检视自己的心灵，抛开世俗世界的声音，只倾听自己的心声，听听它想要追求的究竟是什么。

我们经常听到类似的事：一名公司副总裁放弃了 3 万的月薪而去做了木匠，一个律师辞去了工作去从事写作等等。他们是真正知道自己想要什么又敢于去要的人，抛开已有的名利、地位，毕竟需要非凡的勇气。

我们每个人都想感受自我的价值，这是生命的重心，我们却一直朝错误的方向努力。我们以为自我的价值需要别人认可才行，所以我们对自己的人格修修补补。我们时时以别人的标准来审视我们自己，反而忽略了心中真正的渴求。我们每个人都应该有自己为人处世的准则，并且坚持这一准则。我们不应在乎别人认为我们该做什么，但我们应非常在乎我们认为自己该做什么。

我们经常按别人的反应来决定自己的为人处世，而不是按照自己的意愿去行动。尤其是在向“成功”、“幸福”之类美丽的字眼跋涉的路上，一切似乎已经有了约定俗成的标准。

人生感悟

我们每一个人都要对自己的生活设定一个标准，它不是人云亦云的标准，而是自己真正想要的标准。只要我们自己认为有意义，就一定要坚持下去。所谓最大的成功，也就是：在不伤害他人和社会的情况下，当你想当的人，做你想做的事，去你想去的地方，说你想说的话……这，就是我们每个人成功的实质。

给心灵空出一点空间

当今社会，几乎每一天，我们的神经都绷得紧紧的，得不到一丝喘息的机会。

我们总是处于人群之中，在喧闹的人群中我们听不见自己的脚步声。我们总是被家人、朋友围绕着，耳边充斥着噪音、人声喧哗，忍受着繁忙工作、家庭琐事的无穷折磨。

在这种时候，我们就应该考虑独处一段时间了，找一段时间静一静，让那段时间完全属于我们自己，静静地思考一下，好好地倾听我们心灵的声音。

1784 年的冬天异常寒冷，厚厚的冰雪一度将弗农山庄裹于银装之中。回到家里的华盛顿因天气不便，社交活动骤然减少，就享受起多年难得的静谧来。他深有感触地写道："我体会到了一个肩挑重担而精疲力竭的人，在经过千里迢迢步履艰难的旅行后终于到达终点时的轻松之感。"

1784 年 2 月 1 日，华盛顿将自己离职以来的感受以明快的笔调告诉了大西洋彼岸的拉法耶特：

"亲爱的侯爵，我终于成了波托马克河畔的一位普通百姓了。在我自己的葡萄架和果树下纳凉，听不到军营的喧嚷，也见不到公务的繁忙。我此刻正享受着宁静而快乐的生活。而这种快乐是那些孜孜不倦地追逐功名的军人们，那些朝思暮想着图谋策划、不惜灭他国以谋私利的政客们，那些时时刻刻察言观色以博君王一笑的大臣们所无法理解的。我不仅仅辞去了所有的公务，而且内心也得到了彻底的解脱。我盼望能独自散步，心满意足地走我自己的生活道路。我将知足常乐。亲爱的朋友，这就是我对未来的安排。我将随着生命的溪流缓缓流淌，直到与我的父辈共寝九泉。”

正是在这宁静的心理空间里，华盛顿才有充裕的时间来仔细观察周围的事物。宁静而丰富的田园生活给他带来了许多的乐趣，为他提供了专注于思考的空间。在这段时间里，他酝酿了宏伟的西部开发计划，这个计划改写了美国的历史。这一切的功劳都归功于华盛顿致力于维护自己的思考空间。

当我们疲惫地工作了一段时间后，我们要为自己的心灵空出一个安静的空间，让自己完全沉浸在自己的世界中。

每天当我们因工作劳累，而感到压力重重时，我们可以观察一下我们喜欢的植物、动物，思考一下自己感兴趣的问题或者只是站在窗边忘记所有的工作，看看蓝天白云，让思维从外界的一切跳出来，转入完全安静的自我空间。

找一天静静地思考一下吧！让我们从混乱无常的感觉中解放出来，让头脑得到彻底的净化，更加精神抖擞地面对明天的生活！在宁静的空间里来静静地思索事情，把冗繁的事情整理得有条不紊，在这个自己滕出的空间里完善自我，也许事情往往会事半功倍。

天下第一关

明朝万历年间，中国北方的女真为患。皇帝为了要抗御强敌，决心整修万里长城。当时号称天下第一关的山海关，却早已年久失修，其中

"天下第一关"的题字中的"一"字，已经脱落多时。万历皇帝募集各地书法名家，希望回复山海关的本来面貌。各地名士闻讯。纷纷前来挥毫，但是依旧没有一人的字能够表达天下第一关的原味。皇帝于是再下诏书，只要能够中选的，就能够获得最大的重赏。经过严格的筛选，最后中选的，竟是山海关旁一家客栈的店小二，真是跌破大家的眼镜。

在题字当天，会场被挤得水泄不通，官家也早就备妥了笔墨纸砚，等候店小二前来挥毫。只见主角抬头看着山海关的牌楼，舍弃了狼豪大笔不用，拿起一块抹布往砚台里一沾，大喝一声："一"，十分干净利落，立刻出现绝妙的"一"字。旁观者莫不给予惊叹的掌声。有人好奇地问他为何能够如此成功的秘诀，他久久无法回答。后来勉强答道："其实，我想不出有什么秘诀，我只是在这里当了三十多年的店小二，每当我在撩桌子时，我就望着牌楼上的'一'字，一挥一擦就这样而已。"

原来这位店小二，他的工作地点，正好面对山海关的城门. 每当他弯下腰，拿起抹布清理桌上的油污之际，刚好这个视角，正对准"天下第一关"的"一"字。因此，他不由自主地天天看、天天擦，数十年如一日，久而久之，就熟能生巧、巧而精通，这就是他能够把这个"一"字，能够临摹到炉火纯青、惟妙惟肖的原因。

人生感悟

成功是没有丝毫取巧可言的。数十年如一日的练习，才达到了"一"的炉火纯青；也只有不辍的攀登，我们才可能达到"一览众山小"的境界！

第九章

选择最适合自己的人生

人生如棋，需要选择和放弃的太多，关键是要我们如何选择与取舍。我们要选择的不是高，不是大，不是全，不是美，而是最适合我们的人生。只有合脚的鞋才能让我们健步如飞，只有最合心的生活才能让你幸福一生。

适合的才是最好的

有两只老虎，一只在笼子里，一只在野地里。

在笼子里的老虎三餐无忧．在野外的老虎自由自在。两只老虎经常进行亲切的交谈。

笼子里的老虎总是羡慕外面老虎的自由，外面的老虎却羡慕笼子里的老虎安逸。一天，一只老虎对另一只老虎说："咱们换一换。"另一只老虎同意了。

于是，笼子里的老虎走进了大自然，野地里的老虎走进了笼子。从笼子里走出来的老虎高高兴兴，在旷野里拼命地奔跑；走进笼子的老虎也十分快乐，他再不用为食物而发愁。

但不久，两只老虎都死了。

一只是饥饿而死，一只是忧郁而死。从笼子中走出的老虎获得了自由，却没有同时获得捕食的本领；走进笼子的老虎获得了安逸，却没有获得在狭小空间生活的心境。

适合的才是最好的。

许多时候，人们往往对自己的幸福熟视无睹，而觉得别人的幸福却很耀眼。想不到，别人的幸福也许对自己并不适合；更想不到，别人的幸福也许正是自己的坟墓。

这个世界多姿多彩，每个人都有属于自己的位置，有自己的生活方式，有自己的幸福，何必去羡慕别人？安心享受自己的生活，享受自己的幸福，才是快乐之道。

你不可能什么都得到，你也不可能什么都适合去做，所以，你要学

会放弃，放弃不切实际的想法，放弃愚蠢的行动。只有学会放弃，学会知足，才能更好地把握快乐、享受幸福。

带着坐标尺上路

森林中正在举办热闹非凡的比"大"比赛。老牛走上擂台，动物们高呼："大"。大象登场表演，动物们也欢呼："大"。这时，台下角落里的一只青蛙气坏了："难道我不大吗?"青蛙嗖地跳上一块巨石，拼命鼓起肚皮，并神采飞扬地高喊："我大吗?""不大!"传来一片嘲讽之声。

青蛙不服气，继续鼓肚皮。随着"嘭"的一声，肚皮鼓破了。可怜的青蛙，至死也不知道它到底有多大。

量力而行，恰到好处，当行则行，该止则止。这位登山队员的选择与放弃精神同样让我们对他肃然起敬。联想到人生，一个人不怕爬高，就怕找不到生命的制高点。任何事情都存在突破口，但不是任何人都能够穿越突破口，抵达更高的层次。如果说挑战是对生命的发扬，那么明智的放弃是另一种美好的境界，是对生命的爱惜和尊重。一个不懂得珍惜生命的人，会遭受命运的惩罚。

真理过一分则变为谬误，压力过一分则会把生命压垮。告诉自己：安之若素，莫把自己搞成一台长期超负荷运转的机器。

选择揣一根坐标尺上路势在必行！它能督促我们不懈努力地攀登，又能提醒我们恰到好处地戛然而止。

仰之弥高，不见得适合所有人。一个智者，此时此刻，也许已悠然

从容地下山去了。

选择自己的生活

《伊索寓言》中有一个关于乡下老鼠和城市老鼠的故事：城市老鼠和乡下老鼠是好朋友。有一天，乡下老鼠写了一封信给城市老鼠，信上这么写着．“城市老鼠兄，有空请到我家来玩，在这里，可享受乡间的美景和新鲜的空气，过着悠闲的生活，不知意下如何？”

城市老鼠接到信后，高兴得不得了，立刻动身前往乡下。到那里后，乡下老鼠拿出很多大麦和小麦，放在城市老鼠面前。城市老鼠不以为然地说：“你怎么能够老是过这种清贫的生活呢？住在这里，除了不缺食物，什么也没有，多么乏味呀！还是到我家玩吧，我会好好招待你的。”

乡下老鼠于是就跟着城市老鼠进城去。

乡下老鼠看到那么豪华、干净的房子，非常羡慕。想到自己在乡下从早到晚，都在农田上奔跑，以大麦和小麦为食物，冬天还得在那寒冷的雪地上搜集粮食，夏天更是累得满身大汗，和城市老鼠比起来，自己实在太不幸了。

聊了一会儿，他们就爬到餐桌上开始享受美味的食物。突然，“砰”的一声，门开了，有人走了进来。他们吓了一跳，飞也似的躲进墙角的洞里。

乡下老鼠吓得忘了饥饿，想了一会儿，戴起帽子，对城市老鼠说：“乡下平静的生活，还是比较适合我。这里虽然有豪华的房子和美味的食物，但每天都紧张兮兮的，倒不如回乡下吃麦子来得快活。”说罢，

乡下老鼠就离开都市回乡下去了。

这则寓言使我们看到不同个性、习惯的老鼠，喜欢不同的生活。即使他们都曾经对别的世界感到好奇、有趣，但是，他们最后还是都回归到自己所熟悉的生活圈子中，并且都能得到各自简单而快乐的生活。

人生感悟

很多人总是会情不自禁地羡慕别人的生活，以为那就是最快乐的享受。其实，不切实际地改变自己，不但得不到简单和快乐，反而会给自己增添许多大大小小的麻烦和苦恼。

自己的幸福

一位少妇，回家向母亲倾诉，说婚姻很是糟糕，丈夫既没有很多的钱，也没有好的职业，生活总是单调无味。母亲笑着问，你们在一起的时间多吗？女儿说，太多了。母亲说，当年，你父亲上战场，我每日期盼的，是他能早日从战场上胜利凯旋，与他整日厮守，可惜——他在一次战斗中牺牲了，再也没有能够回来。我真羡慕你们能够朝夕相处。母亲沧桑的老泪一滴滴掉下来，渐渐地，女儿仿佛明白了什么。

一群男青年，在餐桌上谈起自己的老婆，都说被管束得太严，几乎失去了自由，边说边显露大丈夫的凛然正气，狂饮如牛，扬言回家要和老婆怎么怎么斗争。邻桌的一位老叟默默地听了，起身问道，你们的夫人都是本分人吗？男青年们点头。老叟叹了一口气，说：“我爱人当年对我也是管得太死，我愤然离婚，以至于她后来抑郁而终。如果有机会，我多希望能当面向她道一次歉，请求她时时刻刻地看管着我。小伙子，好好珍惜缘分啊！”男青年们望着神色黯然的老叟，沉默不语，若有所悟。

一位盲人，在剧院欣赏一场音乐会，交响乐时而凝重低缓，时而明快热烈，时而浓云蔽日，时而云开雾散。盲人惊喜地拉着身边的人说，我看见了，看见了山川，看见了花草，看见了光明的世界和七彩的人生……

一位病人，医生郑重地告诉他，手术很成功，化验结果出来了，从他腹腔内摘除的肿瘤只是一般的良性肿瘤，经过一段时间的疗养便可康复出院，并不危及生命。他顿时满面春风，双目有神，紧紧地握着医生的手，激动地说：“谢谢，谢谢，是你给了我第二次生命……”

人生感悟

幸福在哪里？带着这样的问题，芸芸众生，茫茫人海，我们在努力寻找答案。其实，幸福是一个多元化的命题，我们在追求着幸福，幸福也时刻地伴随着我们。只不过很多时候，我们身处幸福的山中，在远近高低的角度看到的总是别人的幸福风景，却不曾悉心去感受自己所拥有的幸福天地。

总有适合你的路

静谧的非洲大草原上，夕阳西下。一头狮子在沉思：明天当太阳升起，我要奔跑，以追上跑得最慢的羚羊；此时，一只羚羊也在沉思明天当太阳升起，我要奔跑，以逃脱跑得最快的狮子。

话说这只狮子发现了这只羚羊，追了半天也没追上。别的动物笑话狮子，狮子说："我跑是为了一顿晚餐，而羚羊跑却是为了一条命，它当然跑得快了。"

是的，无论你是狮子还是羚羊，当太阳升起的时候，你要做的就是奔跑，尽管有的为晚餐，有的为生命。因为目的从来是没有过失的，况且我们处于不同的角色中。

也许你奔跑了一生，也没有达到彼岸；也许你奔跑了一生，也没有登上峰顶。但是抵达终点的不一定是勇士；失败了的，也未必不是英雄。不必太关心奔跑的结局如何。奔跑了，就问心无愧；奔跑了，就是成功的人生。

人生之路，无需苛求。只要你奔跑，找到适合自己的坐标，路就会在你脚下延伸，人的生命就会真正创新，智慧就得以充分发挥。

生活中，那些所谓的成功者总是被善意地夸张着，好像他一生下来就注定是一个不平凡的人，而那些曾和你我一样的凡人，却在一遍又一遍地演绎着试图证明自己不是凡人的闹剧。一次又一次的失败之后，凡人开始觉得其实自己也不过是一个凡人。正是由于发现了这一点，所有一切事情的得失就似乎都算不了什么了。一次次相遇的错过，一次次逝去的优越条件，一次次失败……凡人问自己："这难道就是凡人的悲哀吗?"人就是凡人，凡人就有凡心，于是凡人对自己说："何必沮丧呢?我为什么要庸人自扰地看着别人的角色而懊丧呢?这个世界一定有一种角色是适合我的。"

"成功"这个字眼儿并不意味着像爱因斯坦那样闻名于世，像爱迪生那样造福人类……凡人终于知道所有的成功并不一定要轰轰烈烈，也并不一定要出人头地，只要把握好自己的角色，好好地活着，不在烦恼中虚度光阴，茫茫人海中，凡人也是不平凡的一个……

每个年龄都是最好的

几岁是生命中最好的年龄呢?

电视节目拿这个问题了很多的人。一个小女孩说:“两个月,因为你会被抱着,你会得到很多的爱与照顾。”

另一个小孩回答:“3岁,因为不用去上学。你可以做几乎所有想做的事,也可以不停地玩耍。”

一个女孩说:“16岁,因为可以穿耳洞。”

一个少年说:“18岁,因为你高中毕业了,你可以开车去任何想去的地方。”

一个男人回答说:“25岁,因为你有较多的活力。”这个男人43岁。他说自己现在越来越没有体力走上坡路了。他15岁时,通常午夜才上床睡觉,但现在晚上9点一到便昏昏欲睡了。

一个3岁的小女孩说生命中最好的年龄是29岁。“因为你可以躺在屋子里的任何地方,虚度所有的时间。”有人问她:“你妈妈多少岁?”她回答说:“29岁。”

有人认为40岁是最好的年龄,因为这时是生活与精力的最高峰。

一位女士回答说45岁,因为你已经尽完了抚养子女的义务,可以享受含饴弄孙之乐了。

一个男人说65岁,因为可以开始享受退休生活。

最后一个接受访问的是一位老太太,她说:“每个年龄都是最好的,享受你现在的年龄吧。”

每个年龄都是最好的。但在现实生活中,我们常常认为自己所处的年龄是最糟的。史威福说:“没有人活在现在,大家都活着为其他时间

做准备。要么是回忆过去的美好时光，要么为了将来苦思冥想、疲于奔命，独独忘了要把握现在，活在现在。”

只有你现在的年龄是最真实的，不要回避今天的真实与琐碎。走好脚下的路，唱出心底的歌，把头顶的阳光编织成五彩的云裳，遮挡凌空而至的风霜雨雪。每一天都向人们敞开，让花朵与微笑回归你疲惫的心灵，让欢乐成为今天的中心。如果有荆棘阻挡你匆匆的脚步，那也是今天生活中的最真实。

人生感悟

迎接今天的最佳姿势就是站立，用你的手拂去昨天的狂热或沉寂，用你的手推开明天的迷雾或霞辉，用你的手握住今天的沉重或轻松。把迎风而舞的好心情留在今天，把若隐若现的阴影也留在今天。

只和自己比

人难免要和别人相比，有不同就会有比较。同事之间都爱打听别人的工资是不是比自己高，老板是不是看中他而不是自己？看别人家买了宽敞舒服的新房子，自己还和父母挤在一起，总会有些不平衡。夫妻之间也经常因为这些发生口角。妻子抱怨老公没有别人的丈夫能干；丈夫则说老婆不如别人的妻子贤惠持家。这样比来比去，根本就没个尽头。须知山外有山，天外有天，即使人登上了珠穆朗玛峰，他也没有头顶上的天高；坐上了总统的宝座，却也只能统治一国而不是整个宇宙。

的确，和人相比可以给自己树立明确的目标和参照，很多人就是向他人看齐，步步赶超，实现自己的目标的。很多成功的企业都是在和对手的竞争中逐渐壮大起来的，这样的例子不胜枚举。但和对手比的同时，还要和自己比。一个中等身材的人在矮人国里鹤立鸡群，但他依然不能算作高大；如果你是班里考试唯一一个及格的，那并不能以此就说明你学习好……不断超越自己，才是真正的超越。每天进步一小点儿，看似不起眼，但几年之后，几十年之后，这累积起来的前进将是很大的成就。只有超越自己，才能不断地攀上一座又一座的高峰。

邓亚萍 5 岁开始随父亲学打球。但她身材矮小，打起乒乓球来的确是挺吃力的。在体工大队训练时，教练认为她“个子低、胳膊短，没发展前途”，被辞退了。邓亚萍被深深地震动了，在她幼小的心灵里暗下决心，一定要以超人的毅力弥补生理上的不足。强烈的自尊心驱使邓亚萍更加刻苦地训练。

1986 年，全国乒乓球锦标赛上，13 岁的邓亚萍创造了击败世界女子冠军的奇迹，数位世界名将纷纷败在了这个个头仅有 1. 41 米的小姑娘的拍下。从此她一战成名，入选了国家队，并在以后十几年的时间里多次获得国内国际大赛冠军。创造了后人难以企及的纪录，从而成为中国乒乓队的灵魂人物。

2002 年，邓亚萍在国际奥委会道德委员会以及运动和环境委员会担任职务；2003 年，邓亚萍被邀请到北京奥组委市场开发部工作。此外，她还是全国政协委员。人生道路上的孜孜追求让她获得了无数的成功和荣誉，她超越自我的精神使她不断地创造着新的辉煌。

人生感悟

不和别人争，只坚持提升自己，也就没有人能争得过你。和别人比，如果你不再有对手，那你也就没有了前进的动力；和自己比，明天就要比今天有进步，这样你才会不断地前进。

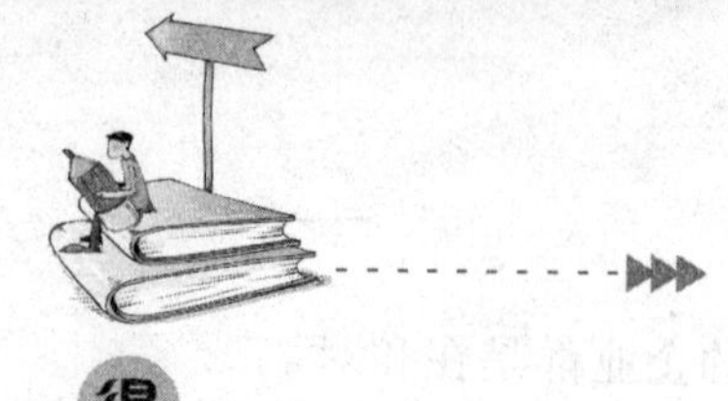

能上架更要会下架

不要以为自己了不起，不要认为自己现在有令人垂涎的待遇和足以自豪、炫耀的地位就可以目空一切，你的虚架子搭得越高，你就可能摔得越重。

都柏公司是美国一家著名的制造企业，技术先进，实力雄厚，是业内的佼佼者。许多人毕业后到该公司求职遭拒绝，原因很简单，该公司的高技术人员爆满，不再需要各种高技术人才。但是令人垂涎的待遇和足以自豪、炫耀的地位仍然向那些有志的求职者闪烁着诱人的光环。

罗伯特和许多人的命运一样，在该公司每年一次的用人测试会上被拒绝，其实这时的用人测试会已经是徒有虚名了。罗伯特并没有死心，他发誓一定要进入都柏公司。于是他采取了一个特殊的策略——假装自己一无所长。

他先找到公司人事部，提出为该公司无偿提供劳动力，请求公司分派给他工作，他将不计任何报酬来完成。公司起初觉得这简直不可思议，但考虑到不用任何花费，也用不着操心，于是便分派他去打扫车间里的废铁屑。一年来，罗伯特勤勤恳恳地重复着这种简单却劳累的工作。为了糊口，下班后他还要去酒吧打工。这样虽然得到老板及工人们的好感，但是仍然没有一个人提到录用他的问题。

1990 年初，公司的许多订单纷纷被退回，理由均是产品质量有问题，为此公司将蒙受巨大的损失。公司董事会为了挽救颓势，紧急召开会议商议解决，当会议进行了一大半却尚未见眉目时，罗伯特闯入会议室，提出要直接见总经理。

在会上，罗伯特把他对这一问题出现的原因做了令人信服的解释，并且就工程技术上的问题提出了自己的看法，随后拿出了自己对产品的改造设计图。这个设计非常先进，恰到好处地保留了原来机械的优点，同时克服了已出现的弊病。总经理及董事会的董事见到这个编外清洁工如此精明在行，便询问他的背景以及现状。面对公司的最高决策者们，罗伯特将自己的意图和盘托出，经董事会举手表决，罗伯特当即被聘为公司负责生产技术的副总经理。

原来，罗伯特在做清扫工时，利用清扫工到处走动的特点，细心察看了整个公司各部门的生产情况，并一一做了详细记录，发现了所存在的技术性问题并想出解决的办法。为此，他花了近一年的时间搞设计，做了大量的统计数据，为最后一展雄姿奠定了基础。

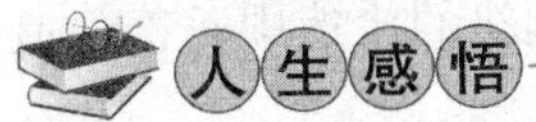

吃得苦中苦，方为人上人。在刚涉入社会的时候，不妨放下架子，甘心从基础干起。有所失必有所得，只有放得下，才能拿得起，舍不得放下自己的虚架子，是不能得到别人的赏识的。

悔恨后的选择

李秉哲是韩国三星财团的缔造者。然而，他曾经有过一段不堪回首的经历。

少年时代，他由于疾病，曾经退学在家。病好后，他就一直过着游手好闲、玩乐赌博的生活。

以后，虽然结婚生子，却依然改变不了已经养成的坏习惯，不是酗酒，就是赌博，事业上可以说没有一丝一毫的起色。

一天深夜，已经26岁的李秉哲，踏着月色从赌场悄悄回到家中。当他透过朦胧的月光看到熟睡中的妻子和三个孩子的时候，他那颗日日被输赢和酒乐撩拨得充满狂躁的心，突然平静了下来，仿佛是从噩梦中醒来一样，他意识到自己虚度的时光太多了。

静思中，他深深地感悟到：时间对每个人的生命都是公平的，如果你不能把自己投入到一项事业中，以挖掘自己的生命价值之所在，那么将来留给你的就只能是悔恨和遗憾了……

于是，他浪子回头，从此走上正道，终于成就大业。

人总是在失去以后才想再拥有，在寂寞之后才想去珍惜快乐，在漫无目的之后才去苦苦追寻。生命所赋予我们的时间太短，我们就如匆匆过客般走着自己的人生，真不知几多辛酸、几多幽怨的旅途中，苦苦追寻又为了什么？

为了让自己生命多姿多彩，为了追寻属于自己的生活，为了让自己成为天空的那颗启明星，向自己挑战吧！李秉哲能够迷途知返，在遗憾和悔恨后找到属于自己的路，终究成就大业，那么我们是否该从现在起就为我们选择的路奋斗呢？

简单就好

在人的一生中，会有许多的追求、许多的憧憬，追求真理，追求理想的生活，追求金钱，追求名誉和地位，追求刻骨铭心的爱情。有追求就会有收获，我们会在不知不觉中拥有很多，有些是我们必需的，还有些却是完全用不着的。那些用不着的东西，除了满足我们的虚荣心外，最大的可能，就是成为我们的一种负担。

古人有句话叫“大道至简”，用今天的话来说，就是“越是真理的就越是简单的”。

的确，古往今来，那些真正健康长寿的人，那些人格高尚、具有爱心、在事业上有所建树、给人类社会留下精神财富的人，无不生活俭朴，思想单纯专一。在世人眼里，他们看起来也许并不怎么聪明，甚至会有些“傻”。但实际上他们是大智若愚，自觉淘汰了对他们来说多余的东西罢了。

智者的简单，并非因为贫乏或缺少内容，而是繁华过后的一种觉醒，是一种去繁就简的境界。

著名的美籍华裔数学家陈省身先生有一个很有趣的“数学人生法则”：数学的一个重要作用就是九九归一，化繁为简。在人生的过程中，往往越是单纯专一的人，就越容易在某一方面取得成功；而那些想法很多，在许多方面都一试身手的人，则往往终其一生而无所作为。一个人一生的时间是很有限的，即便你健康地活到 80 岁，才有 29 200 多天。这里面还要除去 2/3 用于睡眠和其他琐事的时间，还要除去童年、少年和老年的时光，其实你可以利用来做事情的时间只有短短的几千天。在有限的人生中，你不可能做得太多，所以只能有选择、有方向地去努力。

一个心中有坚定信念，有明确目标的人，能够做到心无旁骛，并善于将可能引起忧思苦恼及妨碍行进的事物丢弃掉，不让它干扰自己的身心和脚步。现在许多人都在使用电脑，无论工作或娱乐，都很方便快捷。但使用电脑的人也都知道，安装使用的软件越多，电脑运行的速度就越慢；并且在电脑运行的过程中，还会有大量的垃圾文件、错误信息不断产生，若不及时清理掉，不仅仅影响电脑的运行速度，还会造成死机甚至整个系统的瘫痪。所以必须定期地删除多余的软件，清理掉那些

无用的垃圾文件，这样才能保证电脑的正常运转。

人的身心何尝不是这样，要想有所作为，在生活中健康有力地向前走，就不能背负太多无用的东西，要学会清理和放弃。

简单的过程是一个觉醒的过程。“大道至简”，健康的人生一定是一个去繁就简的人生。

人生感悟

简单使人宁静，宁静使人快乐，而快乐才是生命不断走向高处的动力。不必盲目追求富贵荣华，简单的快乐、健康的人生或许才是我们最想要、最适合的。